现代测量技术与应用

◎ 主　编　高　磊　李二兵　熊自明
◎ 副主编　郝思宝　李　杰　张　凯　张清华
◎ 参　编　闫国锋　卢　浩　张琰光　徐天涵　陈艺顺

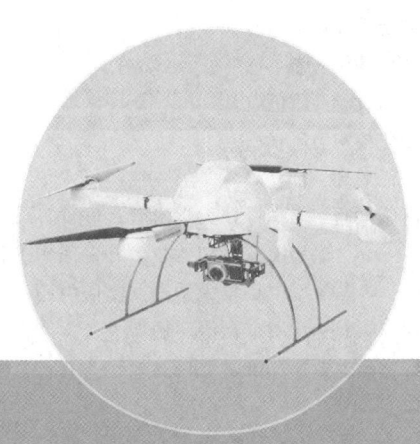

华中科技大学出版社
http://press.hust.edu.cn
中国·武汉

内 容 简 介

　　本书聚焦数字化时代测量技术的变革与发展,系统梳理了 GNSS、倾斜摄影测量、三维激光扫描等前沿技术的原理、方法及实践路径。书中不仅阐述了这些技术如何从传统的"数据采集"升华为多维度的"空间感知与获取",还通过通俗易懂的语言剖析技术原理,以真实案例展现其应用,如 GNSS 在桥梁健康监测中的应用、三维激光扫描对历史建筑的数字存档、倾斜摄影测量助力城市建设和智能规划等。同时,本书也探讨了人工智能、无人机自主作业等技术与测量结合的未来趋势,展望了"测量即服务"时代的到来。

　　本书主要面向测量从业者、工程技术人员与高校学生。

图书在版编目(CIP)数据

现代测量技术与应用 / 高磊,李二兵,熊自明主编. -- 武汉 : 华中科技大学出版社,2025. 8. -- ISBN 978-7-5772-2036-9

Ⅰ. P2

中国国家版本馆 CIP 数据核字第 2025GJ9444 号

现代测量技术与应用　　　　　　　　　　　　　　　　　　　　高　磊　李二兵　熊自明　主编
Xiandai Celiang Jishu yu Yingyong

策划编辑:张　玲

责任编辑:张　玲

封面设计:原色设计

责任校对:何家乐

责任监印:曾　婷

出版发行:华中科技大学出版社(中国·武汉)　　　电话:(027)81321913
　　　　　武汉市东湖新技术开发区华工科技园　　　邮编:430223

录　　排:华中科技大学惠友文印中心

印　　刷:武汉市籍缘印刷厂

开　　本:787mm×1092mm　1/16

印　　张:10.25

字　　数:258 千字

版　　次:2025 年 8 月第 1 版第 1 次印刷

定　　价:45.00 元

前　言

在数字化浪潮席卷全球的今天,测量技术正经历着从传统到智能、从二维到三维、从静态到动态的重大变革。GNSS(全球导航卫星系统)、倾斜摄影测量、三维激光扫描等前沿技术的兴起,不仅重塑了测量行业的技术版图,还成为推动智慧城市、数字孪生、精准农业、灾害防控等新兴领域发展的关键引擎。本书的出版正是为了系统梳理这些技术的原理、方法与实践路径,为读者打开一扇通往测量技术新时代的窗口。

测量从来不是冷冰冰的数字堆砌,而是人类认知世界、改造世界的桥梁。从古人利用日晷为船舶导航,到现代人们借助卫星信号定位毫米级位移,测量技术始终与人类文明的进步同频共振。今天,GNSS 如同地球的"时空坐标系",让每一寸土地、每一座建筑都能被精准定位;倾斜摄影测量化身为"天空之眼",将城市的复杂肌理转化为逼真的三维模型;三维激光扫描更似无形的"触手",能够瞬间捕捉物体的几何形态与纹理细节⋯⋯这些技术的融合,正在将测量从单一的"数据采集"升华为多维度的"空间感知与获取"。

本书的编写既是对测量技术演进的忠实记录,也是对未来发展的深度思考。编者试图以通俗易懂的语言,剖析这些看似高深的技术原理;以真实案例为载体,展现它们在工程实践中的应用魅力。从 GNSS 在桥梁健康监测中的实时位移追踪,到三维激光扫描对历史建筑的数字存档,到车船机移动测量技术助力数字城市建设,再到倾斜摄影测量助力城市建设和智能规划——这些案例不仅是技术的"说明书",还是测量人用智慧丈量世界的生动"注脚"。

然而,技术的革新从来不是终点,而是新的起点。当人工智能开始解读测量数据,当无人机搭载多传感器实现自主作业,当测量结果直接驱动 BIM 模型的动态更新,我们正在见证一个"测量即服务"(MaaS)时代的到来。我们相信,这些思考将成为读者眺望未来的望远镜。

本书作为面向测量从业者、工程技术人员与高校学生的专业书籍,我们力求在理论深度与实践广度之间找到平衡。书中既有算法推导的严谨逻辑,也有操作流程的直观指导;既关注当下的技术应用,也展望未来的可能性。希望读者通过阅读本书,不仅能掌握测量技术的"硬核"知识,还能领悟测量作为"空间语言"的独特魅力。

测量的精度,丈量着文明的高度;测量的维度,拓展着认知的边界。在这个瞬息万变的时代,愿本书成为您探索测量技术新大陆的指南针,助您在数字浪潮中锚定方向,书写属于测量人的时代篇章。

谨以此书献给所有用测量定义世界的人。

本书编写的分工如下:高磊、张凯编写第 1 章,张清华、高磊编写第 2 章,张凯、李二兵、高磊编写第 3 章,张凯、高磊编写第 4 章,郝思宝、李二兵编写第 5 章,熊自明、卢浩、李杰编写第 6 章,高磊、张清华、李杰编写第 7 章,闫国锋、高磊编写第 8 章。本书由高磊负责统稿,徐天涵、陈艺顺担任插图设计与绘制。

由于编者水平有限,谨请使用本书的读者批评、指正。

编 者
2025 年 4 月

目　　录

第1章 绪 论

1.1 测量学概述

1.1.1 测量学的定义

测量学是一门研究地球形状、大小,以及确定地面点的科学,其主要内容包括测定和测设两部分。测定是指运用测量仪器和测量方法,通过测量和计算,获得地面点的测量数据,或者把地球表面的地形按照一定比例缩绘成地形图,供科学研究、国民经济建设和规划设计使用;测设也称施工放样,是将规划图纸上设计好的建筑物、构造物的位置(平面位置和高程)用测量仪器和测量方法在地面上标定出来,作为施工的依据。

广义的测量学按照所研究的领域和服务对象的不同,分为以下几个分支学科:①大地测量学,是研究和确定整个地球形状和大小,解决大地控制测量和地球重力场等问题的学科。大地测量学又分为常规大地测量学、天文大地测量学、重力大地测量学和卫星大地测量学等。②普通测量学,是研究地球表面小区域的测量理论、技术和方法的学科。③摄影测量学,是研究利用遥感和摄影相片测定物体的形状和大小的学科。摄影测量学又分为航空摄影测量学、地面摄影测量学和卫星遥感测量学等。④工程测量学,是研究工程建设在勘测、设计、施工和管理阶段中的各种测量的学科。⑤地图制图学,是研究如何利用各种地图投影方法,将测量成果资料编绘和制印成各种地图的学科。⑥海洋测量学,是研究海洋和陆地水域的测量和绘图的学科。

1.1.2 测量学的任务及作用

测量学的任务就是利用各种测量仪器、测量技术和测量方法确定地面点的位置,是测绘科学的基础,为国民经济各部门服务。空间位置信息是国民经济建设中最重要的基础信息之一,测量技术被广泛应用于国民经济和社会发展规划中。

测量学在土建类各专业工程建设中具有广泛的应用。例如,在城镇规划、建筑工程、道路与桥梁工程、交通工程和管道工程的勘测、设计阶段,需要测量各种比例尺的地形图,供规划设计使用。在施工阶段,必须用测量仪器和测量方法将规划图纸上设计好的建筑物、构造物、道路、桥梁及管线的位置(平面位置和高程)在地面上标定出来,以便进行施工。在工程结束后,要进行竣工测量,供日后维修和扩建使用。对于一些大型或重要的建筑物和构造物,还需要定期进行变形观测,以确保其安全。

测量学的应用范围非常广阔,它在科学研究、国民经济建设、国防建设及社会发展等领域,都占有重要的地位,对国家的可持续发展发挥着越来越重要的作用。

测量工作常被人们称为建设的"尖兵",无论是国民经济建设,还是国防建设,其勘测、设计、施工、竣工及运营等阶段都需要测量工作,而且要求测量工作"先行"。

1. 在科学研究中的作用

在科学研究方面,如航天技术、地壳形变、地震预报、气象预报、灾害预测和防治、环境保护、资源调查,以及其他科学研究中,都要应用测量学,需要测量工作的配合。地理信息系统(GIS)、数字城市、数字中国、数字地球的建设,都需要现代测量学提供基础数据信息。

2. 在国民经济建设中的作用

在国民经济建设方面,空间位置信息是国民经济发展规划中最重要的基础信息之一。测量工作为国土资源开发利用、工程设计和施工、城市建设,以及工业、农业、交通、水利、林业、通信、地矿等部门的规划和管理提供地形图等资料。此外,土地利用和土壤改良、地籍管理、环境保护、旅游开发等都需要测量工作,都需要应用测量工作成果。

3. 在国防建设中的作用

在国防建设方面,测量工作为打赢现代化战争提供测绘保障。各种国防工程的规划、设计和施工需要测绘工作。战略部署、战役指挥离不开地形图,现代测量技术对保障远程导弹、人造卫星或航天器的发射及精确入轨起着非常重要的作用,现代军事科学技术与现代测量技术已经紧密结合在一起。

4. 在社会发展中的作用

在社会发展的进程中,政府或职能机构不仅要了解地理要素的分布特征与资源环境条件,还要进行空间规划布局,掌握空间发展状态和政策的空间效应。但由于现代经济和社会的快速发展,以及其内部自然关系的复杂性,人类解决现代经济和社会问题的难度也随之增加。

因此,为了实现政府管理和决策的科学化、民主化,实现科学发展观,要求提供广泛而通用的地理空间信息平台,而测量数据是这一平台的基础。在此基础上,可将大量经济和社会信息加载到这个平台上,形成符合真实世界的空间分布形式,建立科学的空间决策系统,进行空间分析、管理和决策,以及实施电子政务。

当今人类正面临环境日趋恶化、自然灾害频发、不可再生能源和矿产资源匮乏,以及人口膨胀等社会问题,社会、经济的迅速发展与自然环境的保护之间产生了巨大的矛盾,要解决这些矛盾,维持社会的可持续发展,就必须了解地球的各种现象及其变化和相互关系,采取必要措施约束并规范人类自身的活动,减少或防范全球变化向不利于人类社会发展的方面演变,指导人类合理利用和开发资源,有效保护和改善环境,积极防治和抵御各种自然灾害,不断改善人类生存和生活环境质量。而在防灾减灾、资源开发和利用、生态建设和环境保护等方面,各种测绘和地理信息可用于规划、方案的制订,灾害、环境监测系统的建立,风险的分析,资源、环境的调查与评估,可视化的显示,以及决策的指挥等。

1.2　测量学的发展

测量学历史悠久,与其他科学技术一样,测量学是由于社会的需要而产生的,它随着社会的进步而发展。同时,测量学的发展又必然会推动社会的进步。古代的测量技术起源于农业和水利。古代埃及尼罗河洪水泛滥后农田边界整理和中国的夏禹治理黄河水患都应用了一定的测量知识,并使用了简单的测量工具进行工作。

测量学研究的对象是地球,它的发展因人类对地球形状认识的逐渐深化而与其紧密联系在一起。人类最早对地球形状的认识是天圆地方。直到公元前 6 世纪,古希腊的毕达哥拉斯

(Pythagoras)提出地球应是一个圆球。公元前 4 世纪,亚里士多德(Aristotle)对此进行了论证,形成地圆说。公元前 3 世纪,埃拉托色尼(Eratosthenes)根据实地测量数据,首次推算出地球子午圈的周长,以此证实了地球是一个圆球。

17 世纪末,英国的牛顿(J. Newton)和荷兰的惠更斯(C. Huygens)首次从力学的观点(即用物理的方法探讨地球的形状)提出地球是两极略扁的椭球体,称为地扁说。1743 年,法国的克莱洛(A. C. Clairaut)证明了重力值与地球扁率间的数学关系,奠定了物理大地测量学的基础,使人们对地球的认识又进了一步。

19 世纪初,随着测量精度的提高,通过对各处弧度测量结果的研究,法国的拉普拉斯(P. S. Laplace)和德国的高斯(C. F. Gauss)相继指出,地球的形状不能用旋转的椭球代表。1849 年,英国的斯托克斯(G. G. Stokes)依据地表所得的重力测量资料提出用重力测量的方法确定地球形状的理论。1873 年,利斯廷(J. B. Listing)创用"大地水准面"一词,以该面代表地球的形状。

人类对地球形状的认识和测定经过了圆球、椭球、大地水准面三个阶段,花去了二千五六百年的时间,随着测定成果的日益精确,精密计算地面点的平面坐标和高程才有了科学的依据,同时也不断丰富了测量学的理论,改进了测量的技术和方法,促进了测绘科技的发展。

除对地球的认识以外,人类的生产和军事活动还需要地图。考古工作者曾经挖掘到公元前 25 世纪至公元前 3 世纪绘在或刻在陶片、铜片或其他材料上的地图。这些原始地图都是一些示意的模型地图,起着确定位置、辨别方向的作用。中国春秋战国时期的"兆域图"已有了比例尺和抽象符号的概念。公元前 3 世纪,埃拉托色尼最先在地图上绘制经纬线。中国湖南长沙马王堆汉墓中发现的绘在帛上的地图已有了比例尺和方位,具有一定的精度。公元 2 世纪,古希腊的托勒密(C. Ptolemaeus)提出了地图投影问题。公元 3 世纪,中国的裴秀提出"制图六体",即分率、准望、道里、高下、方邪、迂直,它正确地阐明了地图绘制时的比例尺、方位、距离等关系,使地图制图有了标准,提高了地图的可靠性。16 世纪,地图制图进入一个新的发展时期。中国明代的罗洪先和荷兰的墨卡托(G. Mercator)都以编制地图集的形式,分别总结了 16 世纪之前中国和西方在地图制图方面的成就。从 16 世纪起,随着测量技术的发展,测图精度大大提高,一些国家纷纷进行大地测量,并根据实地测量的结果绘制国家规模的地形图。中国于 1708—1718 年完成《皇舆全图》,这是我国首次在广大的国土范围内进行地形图的测量和绘制工作。

20 世纪 50 年代,人们开始对计算机辅助地图制图(机助制图)进行原理研究、设备研制、软件设计与开发,到 20 世纪 70 年代,机助制图已得到广泛应用。进入 20 世纪 80 年代,人们利用计算机对地理空间数据进行显示、分析、存储和管理,建立了地图数据库,并发展成为多功能的综合性地理信息系统。随着绘图技术的发展和成熟,测量学逐渐被更加广义的"测绘学"所包含。

测绘学的形成和发展在很大程度上依赖于数学和测量方法、测绘仪器的创造和变革等。17 世纪以前,人们仅使用简单的工具(如中国的绳尺、步弓、矩尺和圭表等)进行测量,且以测量距离为主。17 世纪初,人们发明了望远镜。1617 年,荷兰的斯涅尔(W. Snell)首创了三角测量法,从此测量工作不仅能测量距离,还能测量角度。约于 1640 年,英国的加斯科因(W. Gascoigne)在望远镜上设置了十字丝,用于精确瞄准,以改进测绘仪器,这是光学测量仪器的开端。约于 1730 年,英国的西森(J. Sisson)制成第一架经纬仪,促进了三角测量的发展。从 16 世纪中叶开始,为了满足欧、美洲之间的航海需要,许多国家相继研究在海洋上测定经纬度的方法,以确定船舰的位置。但直到 18 世纪发明了时钟以后,经纬度的测定,尤其经度的测定方法才得以圆满解决,人们从此开始了大地天文学的研究。随着测量仪器的改进和技术方法的革新,测量数据的精度也不断提高,精确的计算成为研究的主要问题,此时数学的进展开始对测量学产生巨大影响。1794 年,德国的高斯首创了最小二乘法,为测量平差奠定了基础,至今仍是测量平差计算的基本原理。19 世纪 50 年代,法国的洛斯达(A. Lausse-dat)首创摄影测量方法。随着航空技术的发展,1915 年,自动连续航空摄影机研制成功,它可将航摄相片在立体测量仪上加工成地形图,由此形成了航空摄影测量方法。在此期间,人们先后研制了重力仪、摆仪等,使重力测量工作得到迅猛发展,为研究地球的形状与大小,以及地球重力场提供了丰富的实地重力测量资料。由此,测绘学的传统理论和方法发展趋于成熟。

从 20 世纪 50 年代开始,测量技术又朝着电子化和自动化方向发展。1948 年,人们研制成功了第一代光电测距仪。1956 年,人们研制成功了第一代微波测距仪。这些仪器能够直接进行远达几十千米距离的测量,且使距离测量由困难变为易于操作,使得大地测量可以方便地采用精密导线测量和三边测量。随着技术的不断进步,光电测距仪和微波测距仪的性能有了相当大的提高,仪器的体积也制作得更加小巧。20 世纪 60 年代,人们研制成功由计算机控制的自动绘图仪,实现了地图制图的自动化。1968 年,已有将经纬仪上的度盘用电子设备取代按刻画读数的电子经纬仪。20 世纪 80 年代初,出现了将光电测距仪与经纬仪的视准系统组合在一起的仪器。之后,又有了将微处理器安装在仪器中从而能够及时处理观测数据的全站仪,该全站仪可直接从屏幕上看到观测结果或经计算后的测量成果,亦可将此结果存储在存储器中,再传输到计算机,以便对数据做进一步的处理。20 世纪 90 年代,人们研制出用条码水准尺取代分划水准尺的数字水准仪,使高差测量工作的精度和效率均有了很大的提高。随着电子计算机技术的发展及其在测量学中的应用,不仅加快了测量计算速度,而且改变了测量和绘图的仪器和方法,使测量和绘图工作更为方便和精确。这些具有电子设备和计算机控制的摄影测量仪器的出现,促进了解析测图仪的发展,使得航测法成图完全自动化成为可能。

1957 年,人造卫星上天,为测量技术带来了巨大的变革,发展成了人造卫星的测量工作。卫星定位技术和遥感技术在测绘领域得到了广泛应用,形成航天测绘。测绘的对象也由地球扩展到月球及其他星体。随着计算机地图制图和地图数据库的迅猛发展,地图制图已发展到数字制图和动态制图时代,并成为地理信息系统的技术基础,发展成为研究空间地理环境信息和建立相应空间信息系统。现代工程测量的发展可概括为经历了内外业一体化、自动化、智能化和数字化阶段,其服务领域也远远超出了为工程建设服务的狭隘概念,正向广义工程测量学发展。在海洋测量中,已广泛应用先进的激光探测技术、空间定位与导航技术、计算机技术、网络技术通信技术、数据库管理技术及图形图像处理技术,实现了海洋测绘的自动化和信息化。测量学的新发展使测绘生产任务由传统纸上地图编制、生产和更新,发展到对地理空间数据的采集、处理、组织、管理、分析和显示,传统的数据采集技术已由遥感卫星或数字摄影测量替代。测绘工作正在向着信息采集、数据处理和成果应用的自动化、数字化、网络化、实时化和可视化方向发展,使测绘生产力得到很大提高。

1.3　现代测量技术

近年来,随着空间科学、信息科学的飞速发展,全球定位系统(GPS)、遥感(RS)、地理信息系统(GIS)及 3S 集成技术已成为当前测绘工作的核心技术。随着计算机和网络通信技术的普遍应用,测绘领域早已从陆地扩展到海洋、空间,由地球表面延伸到地球内部;测绘技术体系从模拟转向数字化,从地面转向空间,从静态转向动态,并进一步向网络化和智能化方向发展;测绘成果已从三维发展到四维,从静态发展到动态。随着新的理论、方法、仪器和技术手段不断涌现,以及国际间测绘学术交流合作日益密切,各类测绘技术与应用也在不断地快速发展。

1. 全球导航卫星系统

全球导航卫星系统(Global Navigation Satellite System,GNSS)又称全球卫星导航系统,是能在地球表面或近地空间的任何地点为用户提供全天候的三维坐标、速度及时间信息的空基无线电导航定位系统。

全球导航卫星系统包括一个或多个卫星星座及其支持特定工作所需的增强系统。

全球卫星导航系统国际委员会公布的全球四大卫星导航系统供应商,包括中国的北斗卫星导航系统(BDS)、美国的全球定位系统(GPS)、俄罗斯的格洛纳斯卫星导航系统(GLONASS),以及欧洲的伽利略卫星导航系统(GALILEO)。其中,GPS 是世界上第一个建立并用于导航定位的全球系统,GLONASS 经历快速复苏后已成为全球第二大卫星导航系统,二者正处于现代化的更新进程中;GALILEO 是第一个完全民用的卫星导航系统,正在试验阶段;BDS 是中国自主建设运行的全球卫星导航系统,能够为全球用户提供全天候、全天时、高精度的定位、导航和授时服务。

2. 三维激光扫描技术

三维激光扫描技术是 20 世纪 90 年代中期开始出现的一项技术,是继 GNSS 之后新突破的又一项测绘技术。它通过高速激光扫描测量的方法,大面积、高分辨率快速获取被测对象表面的三维坐标数据,可以快速、大量地采集空间点位信息,为快速建立物体的三维影像模型提供了一种全新的技术手段。由于其具有快速性、不接触性、实时性、动态化、主动性、高密度、高精度、数字化、自动化等特性,从而具有巨大的应用推广价值。

3. 移动测量技术

近年来,高精度动态定位定姿技术、数字传感器技术、近景摄影测量技术,以及自动控制技术的飞速发展和集成融合,使得移动状态下的地面遥感快速测量成为可能,从而催生出一个新的应用领域——移动测量。移动测量技术为三维空间信息的快速、高精度测量和更新开辟了一个新的途径。它具有动态定位定姿测量速度快、地面近景摄影测量信息量大的特点,提高了野外空间数据获取的效率,获取的可测量实景影像(Digital Measurable Image,DMI)使得数据处理和应用更为灵活多样,能够将移动道路测量系统的可测量实景影像与 GPS/INS 数据有机结合,为移动测量系统的高精度、高可靠性定位定姿提供了一种新的途径。

随着移动测量系统的不断发展,逐渐产生了一种集高速三维激光扫描仪、多相机的全景影像单元、GPS/INS 定位定姿单元、集成同步控制器及工业计算机等设备于一体的移动测量系统。它在数据采集及处理软件的支持下,构建成一套全方位和全要素的三维、真实场景采集系统。该系统一方面能够采集带地理坐标索引的线路或城市街道全景影像,另一方面能够融合三维激光扫描数据和全景影像数据,可以直接完成采集路线及两旁附属物的测量和属性提取。在载体移动过程中,快速获取高精度定位定姿数据、高密度三维点云数据和高清连续全景影像数据。

4.无人机激光雷达测量技术

无人机激光雷达(LiDAR)测量技术将 LiDAR 技术与无人机技术相结合,它能够在复杂地形和难以到达的地区进行数据采集,生成高精度的三维地理数据,为各种应用领域提供支持和解决方案。

无人机 LiDAR 测量技术具有灵活、高效、高精度和低成本等优势,在测绘、城市规划、自然资源调查、环境生态等领域都具有广泛的应用。

5.倾斜摄影测量技术

倾斜摄影测量技术是近年来发展起来的一项新的测量技术,它改变了以往航测遥感影像只能从垂直方向拍摄的局限性,倾斜摄影测量技术通过一台或多台传感器,从不同的角度进行数据的采集,快速、高效获取丰富的数据信息,真实地反映地面的客观情况,满足人们对三维信息的需求。目前,倾斜摄影测量技术已经被广泛应用于应急防灾、国防安全、资源管理、城市规划等行业。

6.地面沉降监测技术

轨道施工等导致地表过度沉降,会引起周围建筑物的不均匀沉降,造成重大的安全隐患。利用监测手段及时监测各类施工过程中所引起的地表变形,具有非常重要的现实意义。现代的地面沉降监测技术包括 D-InSAR 技术、时序 InSAR 技术、PS-InSAR 技术、SBAS-InSAR 技术等。

7.水深测量技术

测定水底点至水面的高度和点的平面位置的工作,是海道测量和海底地形测量的中心环节,目的是为船舶航行提供航道深度,并确定航行障碍物的位置、深度和性质。

现代测量技术正以前所未有的速度重构人类对物理空间的认知范式。从 GNSS 的全球化定位到倾斜摄影的三维语义化,从激光扫描的高精度建模到无人机 LiDAR 的全域测绘,这些技术不仅突破了传统测量的精度与效率瓶颈,而且通过多源数据融合与智能算法驱动,构建起连接物理世界与数字孪生的桥梁。

本书通过对前沿技术的系统梳理与工程实践的深度剖析,试图回答以下三个核心问题:

测量的本质是什么?——从"定位"到"空间认知"的范式转移;

技术的边界在哪里?——从静态测量到动态感知的时空连续体;

未来的方向通向何方?——从工具理性到生态理性的测量哲学重构。

在人工智能、物联网与元宇宙交织的未来图景中,测量技术将不再只是被动的数据采集,而是主动的空间智能体。它将在数字孪生城市的神经网络中流动,在碳中和目标的全球博弈中赋能,在人类与自然和谐共生的文明进程中担当关键角色。正如测量学的拉丁语词源"mensus"所暗示的那样,真正的测量,不仅是丈量世界,更是定义未来。

1.4　现代测量技术的工程应用实践

1.4.1　智慧城市中的时空大数据融合

1.基于 CIM 平台的地下管网与地上建筑一体化建模

城市信息模型(CIM)平台通过整合地下管网和地上建筑的多源数据,实现城市空间信息的一体化建模。GNSS、三维激光扫描和倾斜摄影测量等技术为 CIM 平台提供了高精度的时空数据支持。例如,在地下管网建模中,三维激光扫描可以获取管道的精确位置和形状,而倾斜摄影测量可以提供地上建筑的三维模型。通过数据融合和协同处理,可以生成完整的城市三维模型,为城市规划和管理提供全面的信息支持。

2. 无人机倾斜摄影技术在违章建筑监测中的应用案例

无人机倾斜摄影技术在违章建筑监测中表现出色。通过多视角影像的采集和处理,可以快速生成建筑物的三维模型,识别违章建筑的特征。例如,在某城市的违章建筑监测项目中,利用无人机倾斜摄影技术生成的三维模型,成功识别了多处违章建筑,并为执法部门提供了精确的定位和测量数据,显著提高了执法效率。

3. 移动测量系统在道路资产数字化中的效率提升

移动测量系统通过集成激光扫描、影像采集和定位定姿设备,可以快速获取道路及其附属设施的三维数据。在道路资产数字化工作中,移动测量系统可以高效采集道路的几何信息和附属设施的属性信息,生成高精度的三维模型。例如,在某高速公路的资产数字化项目中,移动测量系统在短时间内完成了数百千米道路的数据采集和处理,显著提高了工作效率。

1.4.2　灾害防控中的动态监测技术

1. InSAR 技术在地面沉降预警中的精度验证

合成孔径雷达干涉测量(InSAR)技术通过监测地表形变,为地面沉降预警提供了重要手段。InSAR 技术可以高精度地监测地表毫米级的形变,为城市地面沉降的早期预警提供数据支持。例如,在某城市的地面沉降监测项目中,利用 InSAR 技术成功监测到多处地面沉降区域,并及时发出预警,为城市规划和防灾减灾提供了重要依据。

2. 激光雷达与 GNSS 联合的滑坡体变形实时监测

激光雷达与 GNSS 的联合应用可以实现滑坡体变形的实时监测。激光雷达可以高精度地获取滑坡体的地形数据,而 GNSS 可以实时监测滑坡体的位移变化。通过数据融合和协同处理,可以生成滑坡体的动态变形模型,为滑坡预警和应急处置提供科学依据。例如,在某山区的滑坡监测项目中,激光雷达与 GNSS 的联合应用成功监测到滑坡体的微小变形,及时发出预警,避免了人员伤亡和财产损失。

3. 水下地形测量技术在水库大坝安全评估中的应用

水下地形测量技术通过多波束测深系统和机载激光测深系统,可以高精度地获取水下地形数据。在水库大坝的安全评估中,水下地形测量可以监测大坝基础的冲刷情况和水库底部的沉积变化,为大坝的安全评估提供重要数据支持。例如,在某水库的大坝安全评估项目中,利用水下地形测量技术成功监测到大坝基础的局部冲刷情况,及时采取了加固措施,确保了大坝的安全运行。

1.4.3　数字孪生驱动的智能工程管理

1. BIM＋GIS 融合技术在桥梁全生命周期管理中的应用

建筑信息模型(BIM)与地理信息系统(GIS)的融合技术为桥梁的全生命周期管理提供了全面的解决方案。BIM 可以提供桥梁的详细设计和施工信息,而 GIS 可以提供桥梁的地理空间信息。通过 BIM＋GIS 的融合,可以实现桥梁从设计、施工到运营维护的全生命周期管理。

例如,在某大型桥梁的建设项目中,利用 BIM＋GIS 融合技术,成功实现了桥梁的数字化交付和智能化管理,显著提高了工程质量和管理效率。

2. 倾斜摄影与激光扫描技术在古建筑保护中的数字化存档

倾斜摄影与激光扫描技术在古建筑保护中具有重要应用价值。通过多视角影像的采集和激光扫描,可以生成古建筑的高精度三维模型,为古建筑的数字化存档和修复提供重要数据支持。例如,在某古建筑保护项目中,利用倾斜摄影与激光扫描技术生成的三维模型,成功完成了古建筑的数字化存档,并为古建筑的修复工作提供了精确的参考数据。

3. 无人机 LiDAR 技术在风电场选址与施工监测中的应用

无人机 LiDAR 技术在风电场选址和施工监测中表现出色。通过高精度的地形数据和三维模型,可以为风电场的选址提供科学的依据,并在施工过程中实时监测地形变化和施工进度。例如,在某风电场的建设项目中,利用无人机 LiDAR 技术成功完成了风电场的选址和施工监测,确保了项目的顺利实施。

1.5　测量技术的未来趋势与挑战

1.5.1　从数字化到智能化的跨越

1. 人工智能在点云数据分类与目标识别中的应用

人工智能技术,特别是深度学习算法,在点云数据分类与目标识别中具有重要应用价值。它通过卷积神经网络(CNN)和生成对抗网络(GAN),可以实现点云数据的自动分类和目标识别。例如,在城市三维模型的语义分割中,利用深度学习算法可以高效识别建筑物、道路、植被等不同地物类型,显著提高了数据处理效率和精度。

2. 5G 通信技术对测量数据实时传输的革命性影响

5G 通信技术的高带宽和低延迟特性为测量数据的实时传输提供了革命性支持。在移动测量和无人机测量中,5G 技术可以实现测量数据的实时回传和处理,显著提高了工作效率。例如,在某城市的移动测量项目中,利用 5G 技术实现了测量数据的实时传输和处理,大大缩短了项目周期。

3. 量子测量技术在高精度定位中的潜在突破

量子测量技术通过量子纠缠和量子干涉等原理,可以实现超高精度的定位和测量。量子测量技术在 GNSS 信号遮挡严重的环境下具有重要应用潜力。例如,在地下工程和水下测量中,量子测量技术可以提供高精度的定位支持,突破传统测量技术的局限。

1.5.2　多技术协同的系统集成挑战

1. 测绘装备轻量化与低成本化的技术瓶颈

随着测绘技术的不断发展,测绘装备的轻量化和低成本化成为重要趋势。然而,当前测绘装备在轻量化和低成本化方面仍面临技术瓶颈。例如,高精度激光雷达和无人机系统的成本较高,限制了其在中小项目中的广泛应用。通过技术创新和规模化生产,可以有效降低装备成本,提高市场竞争力。

2. 海量异构数据的标准化处理与共享机制

测绘技术的多源异构数据处理和共享是当前面临的重要挑战。不同来源的数据格式和标准不统一,给数据处理和共享带来了困难。通过建立统一的数据标准和共享机制,可以有效解决这一问题。例如,国际组织和行业协会正在推动测绘数据的标准化工作,为数据共享和协同处理提供技术支持。

3. 测绘行业碳中和目标下的绿色测量技术路径

在碳中和目标下,测绘行业需要探索绿色测量技术路径。通过优化装备能耗、采用清洁能源和推广无纸化作业,可以显著降低测绘活动的碳排放。例如,在无人机测量中,采用电动无人机和太阳能充电设备可以有效减少碳排放,实现绿色测量。

1.5.3 测绘伦理与数据安全的前沿思考

1. 数字孪生城市中的个人隐私保护技术

数字孪生城市的发展带来了个人隐私保护的新挑战。测绘数据中可能包含个人敏感信息,如位置信息、行为轨迹等。通过加密技术和匿名化处理,可以有效保护个人隐私。例如,在城市三维模型的构建中,利用加密技术对个人敏感信息进行保护,确保数据的安全性和隐私性。

2. 测绘数据的区块链存证与可信共享

区块链技术通过去中心化和不可篡改的特性,为测绘数据的存证和共享提供了可信保障。通过区块链技术可以实现测绘数据的存证和可信共享,确保数据的真实性和完整性。例如,在某城市的测绘数据共享项目中,利用区块链技术成功实现了数据的可信共享,提高了数据的使用效率。

3. 跨境测绘数据的主权保护与国际合作

跨境测绘数据的主权保护和国际合作是当前面临的重要问题。测绘数据涉及国家安全和主权利益,需要在国际合作中加强数据主权保护。通过建立数据主权保护机制和国际合作框架,可以有效解决这一问题。例如,国际测绘组织正在推动跨境测绘数据的主权保护和国际合作,为全球测绘数据的共享和应用提供支持。

本章参考文献

[1] 宁津生,陈俊勇,李德仁,等.测绘学概论(第二版)[M].武汉:武汉大学出版社,2008.

[2] 程效军,鲍峰,顾孝烈.测量学(第五版)[M].上海:同济大学出版社,2016.

[3] 宁津生,陈俊勇,李德仁,等.测绘学概论(第三版)[M].武汉:武汉大学出版社,2016.

[4] 邹进贵,冯永玖,王健,等.数字地形测量学(第三版)[M].武汉:武汉大学出版社,2024.

[5] 郭际明,史俊波,孔祥元,等.大地测量学基础(第三版)[M].武汉:武汉大学出版社,2021.

[6] 张正禄.工程测量学(第三版)[M].武汉:武汉大学出版社,2020.

[7] 张祖勋,张剑清.数字摄影测量学(第二版)[M].武汉:武汉大学出版社,2012.

第 2 章　全球导航卫星系统测量技术

2.1　概　　述

2.1.1　基础知识

GNSS 的全称是全球导航卫星系统(Global Navigation Satellite System),泛指所有的卫星导航系统,包括全球的、区域的和增强的卫星导航系统,如美国的 GPS,俄罗斯的 GLONASS、中国的 BDS,以及欧洲的 Galileo,还有相关的增强系统,如美国的 WAAS(广域增强系统)、日本的 MSAS(多功能卫星星基增强系统),以及欧洲的 EGNOS(欧洲地球静止导航重叠服务)等,并且涵盖在建和以后要建设的其他卫星导航系统。GNSS 是多系统、多层面、多模式的复杂组合系统。

早在 20 世纪 90 年代中期开始,欧盟为了打破美国在卫星定位、导航、授时市场中的垄断地位,获取巨大的市场利益,增加欧洲人的就业机会,一直在致力于实施一个雄心勃勃的民用全球导航卫星系统计划,该系统称为 Global Navigation Satellite System。该计划分两步实施:第一步是建立一个综合利用美国的 GPS 和俄罗斯的 GLONASS 的第一代全球导航卫星系统(当时称为 GNSS-1,即后来建成的 EGNOS);第二步是建立一个完全独立于美国的 GPS 和俄罗斯的 GLONASS 之外的第二代全球导航卫星系统,即正在建设中的 Galileo 卫星导航定位系统。由此可见,GNSS 从问世起,就不是一个单一星座系统,而是一个包括 GPS、GLONASS 等在内的综合星座系统。GPS 接收机制造厂商纷纷推出高性能 GNSS 接收机,如 PENTAX 的 Smart 8800、SMT888-3G 等,后者更是达到 136 动态物理通道,成为真正意义上的 GNSS 接收机。综上所述,GNSS 的中文译名应为全球导航卫星系统。

2.1.2　全球定位系统

1. GPS 的发展

GPS 是英文 Global Positioning System(全球定位系统)的简称。GPS 起始于 1958 年美国军方的一个项目,在 1964 年投入使用。20 世纪 70 年代,美国陆海空三军联合研制了新一代卫星定位系统——GPS,主要是为陆海空三大领域提供实时、全天候和全球性的导航服务,并用于情报搜集、核爆监测和应急通信等一些军事目的。经过 20 余年的实验研究,耗资 300 亿美元,到 1994 年,全球覆盖率高达 98% 的 24 颗 GPS 卫星星座已布设完成。在其他领域,GPS 则有另外的含义:一种为产品几何技术规范(Geometrical Product Specifications,GPS);一种为 G/s(GB per second);还有一种为广义上的处理器分享(Generalized Processor Sharing,GPS),是网络服务质量控制中的专用术语。

利用定位卫星,在全球范围内实时进行定位、导航的系统,称为全球卫星定位系统,简称 GPS。GPS 是由美国国防部研制建立的一种具有全方位、全天候、全时段、高精度的卫星导航系统,能为全球用户提供低成本、高精度的三维位置、速度和精确定时等导航信息,是卫星通信技术在导航领域的应用典范。它极大地提高了地球社会的信息化水平,有力地推动了数字经济的发展。

GPS 的前身是美国军方研制的一种子午仪卫星定位系统(Transit)。该系统用 5、6 颗卫星组成星网工作,每天最多绕地球 13 次,并且无法给出高度信息,在定位精度方面也不尽如人意。然而,子午仪卫星定位系统使得研发部门对卫星定位具有了初步的经验,并验证了由卫星系统进行定位的可行性,为 GPS 的研制埋下了铺垫。由于卫星定位在导航方面显示出巨大的优越性,并且子午仪卫星定位系统对潜艇和舰船导航方面存在巨大的缺陷。美国海陆空三军及民用部门都感到迫切需要一种新的卫星导航系统。

为此,美国海军研究实验室(NRL)提出了名为 Tinmation 的用 12～18 颗卫星组成 10000 km 高度的全球定位网计划,并于 1967 年、1969 年和 1974 年各发射了一颗试验卫星,在这些卫星上初步试验了原子钟计时系统,这是 GPS 精确定位的基础。美国空军则提出了 621-B 的以每星群 4、5 颗卫星组成 3、4 个星群的计划,这些卫星中除 1 颗卫星采用同步轨道外,其余的都使用周期为 24 h 的倾斜轨道,该计划以伪随机码(PRN)为基础传播卫星测距信号,具有强大的功能,当信号密度低于环境噪声的 1% 时也能将其检测出来。伪随机码的成功运用是 GPS 取得成功的重要基础。美国海军的计划主要用于为舰船提供低动态的二维定位,而美国空军的计划能够提供高动态服务,但是系统过于复杂。由于同时研制两个系统会造成巨大的费用,而且这两个计划都是为提供全球定位而设计的,所以 1973 年美国国防部将二者合二为一,由国防部牵头的卫星导航定位联合计划局(JPO)领导,还将办事机构设立在洛杉矶的空军航天处。该机构成员众多,包括美国陆军、海军、海军陆战队、交通运输部、国防制图局,以及北约和澳大利亚的代表。

最初的 GPS 计划在美国卫星导航定位联合计划局的领导下诞生了,该方案将 24 颗卫星放置在互成 120° 的 3 个轨道上。每个轨道上有 8 颗卫星,地球上任何一点均能观测到 6～9 颗卫星。这样,粗码精度可达 100 m,精码精度为 10 m。由于预算压缩,GPS 计划不得不减少卫星发射数量,改为将 18 颗卫星分布在互成 60° 的 6 个轨道上,然而这一方案使卫星可靠性得不到保障。1988 年,美国又进行了最后一次修改,将 21 颗工作卫星和 3 颗备用卫星分布在互成 60° 的 6 条轨道上。这也是 GPS 卫星使用的工作方式。

GPS 是一种以 24 颗定位人造卫星为基础,向全球各地全天候提供三维位置、三维速度等信息的无线电导航定位系统。它由三部分构成:一是地面控制部分,由主控站、地面天线、监测站及通信辅助系统组成;二是空间部分,由 24 颗卫星组成,分布在 6 个轨道平面上;三是用户装置部分,由 GPS 接收机和卫星天线组成。GPS 在民用领域的定位精度可达 10 m 内。

2. GPS 的定位原理

GPS 的基本原理是测量已知位置的卫星到用户接收机之间的距离,然后综合多颗卫星的数据就可知道接收机的具体位置。要达到这一目的,卫星的位置可以根据星载时钟所记录的时间在卫星星历中查出。用户到卫星的距离则通过记录卫星信号传播到用户所经历的时间,再将其乘以光速得到。由于大气层电离层的干扰,这一距离并不是用户与卫星之间的真实距离,而是伪距(PR)。当 GPS 卫星正常工作时,会不断地用 1 和 0 二进制码元组成的伪随机码(简称伪码)发射导航电文。GPS 使用的伪码一共有两种,分别是民用的 C/A 码和军用的 P(Y)码。C/A 码频率 1.023 MHz,重复周期 1 ms,码间距 1 μs,相当于 300 m。P 码频率 10.23

MHz,重复周期 266.4 天,码间距 0.1 μs,相当于 30 m,而 Y 码是在 P 码的基础上形成的,保密性能更佳。导航电文包括卫星星历、工作状况、时钟改正、电离层时延修正、大气折射修正等信息。它从卫星信号中解调出来,以 50 b/s 调制在载频上发射。导航电文每个主帧中包含 5 个子帧,每帧长 6 s。前三帧各 10 b;每 30 s 重复一次,1 h 更新一次。后两帧共 15000 b。导航电文中的内容主要有遥测码、转换码,以及第 1、2、3 数据块,其中最重要的是星历数据。当用户接收到导航电文时,可提取出卫星时间并将其与自己的时钟对比便可得知卫星与用户的距离,再利用导航电文中的卫星星历数据推算出卫星发射电文时所处位置,用户在 WGS-84 坐标系中的位置、速度等信息便可得知。

可见 GPS 卫星部分的作用就是不断地发射导航电文。因为用户接收机使用的时钟与卫星星载时钟不可能总是同步,所以除用户的三维坐标 x、y、z 外,还要引进一个 Δt(卫星与接收机之间的时间差)作为未知数,然后用 4 个方程将这 4 个未知数解出来。如果想知道接收机所处的位置,则至少需要接收到 4 个卫星的信号。

GPS 接收机可接收到以下信息:用于授时的准确至纳秒级的时间信息;用于预报未来几个月内卫星所处概略位置的预报星历;用于计算定位时所需卫星坐标的广播星历,精度为几米至几十米(各个卫星不同,随时变化);GPS 信息,如卫星状况等。

GPS 接收机通过对码的测量就可得到卫星到接收机的距离,由于接收机含有卫星钟的误差及大气传播误差,故该距离为伪距。对 C/A 码测得的伪距称为 C/A 码伪距,精度为 20 m 左右,对 P 码测得的伪距称为 P 码伪距,精度为 2 m 左右。

GPS 接收机对收到的卫星信号进行解码,或采用其他技术,将调制在载波上的信息去掉,就可以恢复载波。严格而言,载波相位应被称为载波拍频相位,它是收到的受多普勒频移影响的卫星信号载波相位与接收机本机振荡产生信号相位之差。一般在接收机钟确定历元时刻测量时,保持对卫星信号的跟踪,就可记录下相位的变化值,但开始观测时的接收机和卫星振荡器的相位初值是不知道的,起始历元的相位整数也是不知道的,称为整周模糊度,只能在数据处理中作为参数解算。相位观测值的精度高至毫米,但前提是解出整周模糊度,因此,只有在相对定位并有一段连续观测值时,才能使用相位观测值,而要达到优于米级的定位精度,只能采用相位观测值。

按定位方式,GPS 分为单点定位和相对定位(差分定位)。单点定位就是根据一台接收机的观测数据确定接收机位置的方式,它只能采用伪距观测量,可用于车船等的概略导航定位。相对定位(差分定位)是根据两台以上接收机的观测数据确定观测点之间的相对位置的方法,它既可采用伪距观测量,也可采用相位观测量,大地测量或工程测量均应采用相位观测值进行相对定位。

在 GPS 观测量中,包含了卫星和接收机的钟差、大气传播延迟、多路径效应等误差,定位计算时还会受到卫星广播星历误差的影响,进行相对定位时大部分公共误差被抵消或削弱,因此,定位精度将大大提高。双频接收机可以根据两个频率的观测量抵消大气中电离层误差的主要部分,在精度要求高且接收机间距离远时(大气有明显差别),应选用双频接收机。

GPS 定位的基本原理是根据高速运动的卫星瞬间位置作为已知的起算数据,采用空间距离后方交会的方法,确定待测点的位置。如图 2-1 所示,假设 t 时刻在地面待测点上安置 GPS 接收机,可以测定 GPS 信号到达接收机的时间 Δt,再加上接收机所接收到的卫星星历等其他数据可以确定以下 4 个方程式。

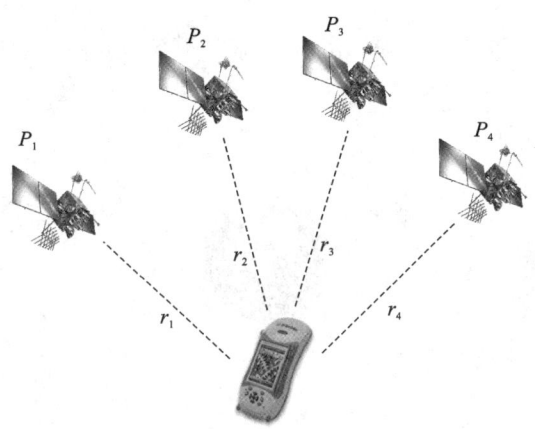

图 2-1 空间距离后方交会

$$\begin{cases} r_1 = \sqrt{(X_1-x)^2+(Y_1-y)^2+(Z_1-z)^2}+c\delta t \\ r_2 = \sqrt{(X_2-x)^2+(Y_2-y)^2+(Z_2-z)^2}+c\delta t \\ r_3 = \sqrt{(X_3-x)^2+(Y_3-y)^2+(Z_3-z)^2}+c\delta t \\ r_4 = \sqrt{(X_4-x)^2+(Y_4-y)^2+(Z_4-z)^2}+c\delta t \end{cases} \quad (2\text{-}1)$$

目前,24 颗卫星(其中 3 颗备用卫星)早已升空,分布在 6 条交点互隔 60°的轨道面上,距离地面约 20000 km。已经实现单机导航精度约为 10 m,综合定位的话精度可达厘米级和毫米级。但民用领域开放的精度约为 10 m。

3. GPS 的组成

GPS 由空间部分、地面控制系统和用户设备部分组成。

1)空间部分

GPS 的空间部分由 24 颗卫星组成(21 颗工作卫星和 3 颗备用卫星)。它位于距地表 20200 km 的上空,运行周期为 12 h。卫星均匀分布在 6 个轨道面上(每个轨道面 4 颗卫星),轨道倾角为 55°。卫星的分布使得人们在全球任何地方、任何时间都可观测到 4 颗以上的卫星,并能在卫星中预存导航信息。GPS 的卫星由于大气摩擦等问题,随着时间的推移,其导航精度会逐渐降低。GPS 星座如图 2-2 所示。

2)地面控制系统

地面控制系统由监测站(Monitor Station)、主控站(Master Monitor Station)、地面天线(Ground Antenna)组成。主控站位于美国科罗拉多州春田市。地面控制系统负责收集由卫星传回的信息,并计算卫星星历、相对距离、大气校正等数据。

3)用户设备部分

用户设备部分即 GPS 信号接收机(简称接收机)。它能够捕获到按一定卫星截止角所选择的待测卫星,并跟踪这些卫星的运行。当接收机捕获到跟踪的卫星信号后,可测量出接收天线至卫星的伪距离和距离的变化率,解调出卫星轨道参数等数据。根据这些数据,接收机中的微处理计算机可按定位解算方法进行定位计算,得出用户所在地理位置的经纬度、高度、速度、时间等信息。接收机硬件、接收机内部软件及 GPS 数据的后处理软件包构成完整的 GPS 用户设备。GPS 信号接收机的结构分为天线单元和接收单元两部分。接收机一般采用机内和机外

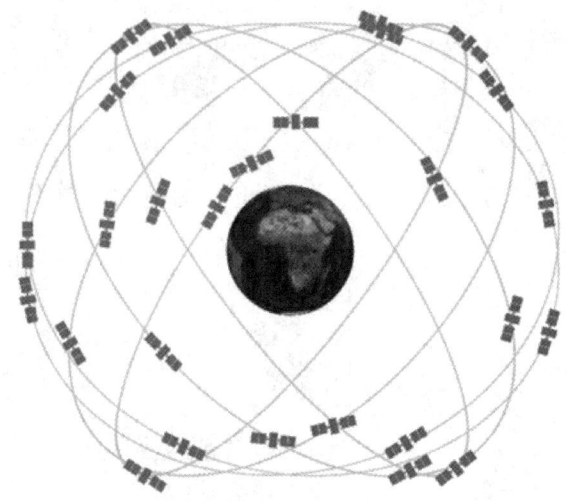

图 2-2　GPS 星座

两种直流电源。设置机内电源的目的在于更换机外电源时不中断连续观测。在用机外电源时,机内电池自动充电。关机后机内电池为 RAM 存储器供电,以防止数据丢失。各种类型的接收机体积越来越小,重量越来越轻,便于野外观测使用。接收器现有单频与双频两种,由于价格因素,一般使用者购买较多的为单频接收器。

4. GPS 的特点

1)全球全天候定位

GPS 卫星的数目较多,且分布均匀,保证了地球上任何地方、任何时间至少可以同时观测到 4 颗 GPS 卫星,确保实现全球全天候连续的导航定位服务(除打雷、闪电不宜观测外)。

2)定位精度高

应用已经证明,在 50 km 以内 GPS 相对定位精度可达 6～10 m;100～500 km GPS 相对定位精度可达 7～10 m;1000 km 以上 GPS 相对定位精度可达 9～10 m。在 300～1500 m 工程精密定位中,1 h 以上观测时解其平面位置误差小于 1 mm,与 ME-5000 电磁波测距仪测定的边长比较,其边长较差最大为 0.5 mm,校差中误差为 0.3 mm。

实时单点定位(用于导航):P 码 1～2 m ;C/A 码 5～10 m。

静态相对定位:50 km 之内误差为几毫米(1～2 ppm $\times D$);50 km 以上可达 0.1～0.01 ppm。

实时伪距差分(RTD):精度达分米级。

实时相位差分(RTK):精度达 1～2 cm。

3)观测时间短

随着 GPS 的不断完善,软件的不断更新,20 km 以内静态相对定位,仅需 15～20 min;在进行快速静态相对定位测量时,当每个流动站与基准站相距在 15 km 以内时,流动站观测时间只需 1～2 min;在采取实时动态定位模式时,每站观测仅需几秒钟。

因而使用 GPS 技术建立控制网,可以大大提高作业效率。

4)测站间无须通视

GPS 测量只要求测站上空开阔,不要求测站之间互相通视,因而不再需要建造觇标。这一优点既可大大减少测量工作的经费和时间（一般造标费用占总经费的 30%～50%），同时也使选点工作变得非常灵活，可省去经典测量中的传算点、过渡点的测量工作。

5）仪器操作简便

随着 GPS 信号接收机的不断改进，GPS 测量的自动化程度也越来越高，有的已趋于"傻瓜化"。在观测中，测量员只需安置仪器，连接电缆线，量取天线高，监视仪器的工作状态即可，而其他观测工作，如卫星的捕获、跟踪观测和记录等均由仪器自动完成。当结束测量时，仅需关闭电源，收好接收机，便完成了野外数据采集任务。

如果在一个测站上需做长时间的连续观测，则还可以通过数据通信方式，将所采集的数据传送到数据处理中心，实现全自动化的数据采集与处理。另外，接收机体积也越来越小，相应的重量也越来越轻，极大地减轻了测量工作者的劳动强度。

6）可提供全球统一的三维地心坐标

GPS 测量可同时精确地测定测站平面位置和大地高程。GPS 可满足四等水准测量的精度，另外，GPS 的定位是在全球统一的 WGS-84 坐标系统中计算的，因此全球不同地点的测量成果是相互关联的。

7）应用广泛

GPS 得到了各行各业的广泛应用，包括军事、农业、交通等。

2.1.3　北斗卫星导航系统

北斗卫星导航系统（Beidou Navigation Satellite System，BDS），又称 COMPASS，中文音译名 BeiDou，是中国自行研制的全球卫星导航系统，系统标识如图 2-3 所示，是继 GPS、GLONASS 之后的第三个成熟的卫星导航系统。BDS 与美国的 GPS、俄罗斯的 GLONASS、欧洲的 Galileo，是联合国卫星导航委员会已认定的供应商。

图 2-3　北斗卫星导航系统标识

20 世纪 80 年代，我国开始探索适合国情的卫星导航系统发展道路，形成了"三步走"发展战略：2000 年年底，建成北斗一号系统，向中国提供服务；2012 年年底，建成北斗二号系统，向亚太地区提供服务；2020 年，建成北斗三号系统，向全球提供服务。

第一步，建设北斗一号系统。1994 年，我国启动北斗一号系统工程建设；2000 年，发射 2 颗地球静止轨道卫星，建成北斗一号系统，并投入使用，采用有源定位体制，为中国用户提供定位、授时、广域差分和短报文通信服务；2003 年，发射第 3 颗地球静止轨道卫星，进一步增强系统性能。

第二步，建设北斗二号系统。2004 年，我国启动北斗二号系统工程建设；2012 年年底，完成 14 颗卫星（5 颗地球静止轨道卫星、5 颗倾斜地球同步轨道卫星和 4 颗中圆地球轨道卫星）

发射组网,建成北斗二号系统。北斗二号系统在兼容北斗一号系统技术体制基础上,增加无源定位体制,为亚太地区用户提供定位、测速、授时和短报文通信服务。

第三步,建设北斗三号系统。2009 年,我国启动了北斗三号系统建设;2018 年年底,完成 19 颗卫星发射组网,完成基本系统建设,向全球提供服务;2020 年,完成 30 颗卫星发射组网,全面建成北斗三号系统。北斗三号系统继承北斗有源服务和无源服务两种技术体制,能够为全球用户提供基本导航(定位、测速、授时)、全球短报文通信、国际搜救服务,中国及周边地区用户还可享有区域短报文通信、星基增强、精密单点定位等服务。

2020 年 7 月 31 日上午 10 时 30 分,北斗三号全球卫星导航系统建成暨开通仪式在北京人民大会堂举行,中共中央总书记、国家主席、中央军委主席习近平宣布北斗三号全球卫星导航系统正式开通。

1. 北斗卫星导航系统的组成

北斗卫星导航系统由空间段、地面段和用户段三大部分构成,形成完整的闭环服务体系,具有自主可控的技术架构。

空间段是由多种轨道卫星组成的混合星座,主要包括地球静止轨道(GEO)、倾斜地球同步轨道(IGSO)、中圆地球轨道(MEO)三种轨道卫星,每颗卫星根据各自运行轨道特点和承载功能,既各司其职,又优势互补,共同为全球用户提供高质量的定位导航授时服务。北斗空间段卫星星座示意图如图 2-4 所示。

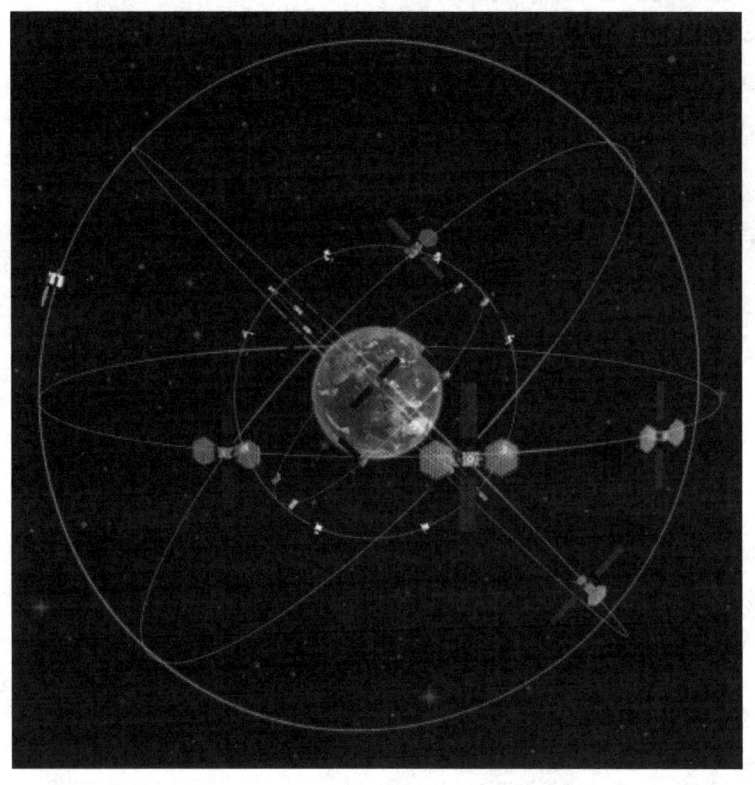

图 2-4　北斗空间段卫星星座示意图

5 颗地球静止轨道卫星(GEO 卫星):定点于赤道上空,位于距地球约 3.6 万千米,与赤道平行且倾角为 0°的轨道。从理论上来说,星下点轨迹(即卫星运行轨迹在地球上的投影)是一个点,因其运动周期与地球自转周期相同,相对地面保持静止,所以称作地球静止轨道卫星。GEO 卫星提供区域增强服务和高精度短报文通信,单星信号覆盖范围很广,一般来说,3 颗 GEO 卫星就可实现对全球(除南北极之外)绝大多数区域的信号覆盖。GEO 卫星始终随地球自转而动,对覆盖区域内用户的可见性达到 100%。同时,GEO 卫星因轨道高,所以具有良好的抗遮蔽性,在城市、峡谷、山区等地方具有十分明显的应用优势。

3 颗倾斜地球同步轨道卫星(IGSO 卫星):IGSO 卫星与 GEO 卫星轨道高度相同,运行周期也与地球自转周期相同,但其运行轨道面与赤道面有一定夹角,所以称作倾斜地球同步轨道卫星。IGSO 卫星星下点轨迹呈现“8”字形,覆盖低纬度地区,能够增强亚太区域信号稳定性。IGSO 卫星与 GEO 卫星同为高轨卫星,而 IGSO 卫星信号抗遮挡能力强,尤其在低纬度地区,其性能优势明显。IGSO 卫星总是覆盖地球上某一个区域,可与 GEO 卫星搭配,形成良好的几何构型,在一定程度上克服了 GEO 卫星在高纬度地区仰角过低带来的影响。同时,由于我国地处北半球,GEO 卫星在赤道平面内运行,由于高大山体、建筑物的遮挡,在其北侧的用户难以接收 GEO 卫星信号,即存在北坡效应问题,而 IGSO 卫星可有效缓解这一问题的影响。

24 颗中圆地球轨道卫星(MEO 卫星):MEO 卫星在全球分布均匀,能够保障全球连续覆盖。全球卫星导航系统星座多由 MEO 卫星组成。MEO 卫星在约 2 万千米高度的轨道运行,它像极了不知疲倦的小萌娃,在自己的跑道上绕着地球一圈又一圈地奔跑,星下点轨迹不停地画着波浪线,以便覆盖到全球更广阔的区域。

总星座规模为 30 余颗卫星(部分资料显示为 35 颗,包含不同阶段的补充卫星),覆盖全球任一地点,至少可接收 4 颗卫星信号,确保三维定位能力。

除基本定位导航授时服务以外,GEO 卫星还承载了区域短报文通信、精密单点定位、星基增强等服务功能,MEO 卫星还承载了全球短报文通信、国际搜救等服务功能。由于北斗卫星导航系统能够提供多样化服务,在国际卫星导航领域独占鳌头,已成为全球卫星导航群星闪耀的星空里最闪亮的星。

随着北斗三号全球卫星导航系统星座部署圆满完成,三种不同轨道高度的北斗卫星各放异彩,各显神通,基于各自的小功用,实现北斗的大功用,助力“中国的北斗”成为“世界的北斗,一流的北斗”。

地面段部分主要包括主控站、时间同步/注入站、监测站和星间链路设施 4 个部分。主控站负责卫星轨道规划、时间同步和系统状态监控;时间同步/注入站定期向卫星注入导航电文和时钟修正参数;监测站实时监测卫星信号质量及电离层延迟等误差;星间链路设施支持卫星间自主测距与通信,减少对地面站的依赖。

用户段包括各类终端设备(如芯片、模块、天线等)及服务系统,兼容其他导航系统(如 GPS、GLONASS 等),覆盖智能手机、车载导航、智能穿戴、测绘仪器等应用场景。

2. 北斗卫星导航系统的信号特点

北斗卫星导航系统共发射 3 个频点信号,分别为 B1 频点(1561.098 MHz)、B2 频点(1207.14 MHz)和 B3 频点(1268.52 MHz),每个频点发送两种测距码(C 码)和精密测距码(P 码),并调制导航电文数据码(D 码)。

通过多频组合,该系统可构建高阶误差模型,消除电离层延迟,提升定位精度至毫米级(静态)或厘米级(动态)。三频信号缩短载波相位模糊度解算时间,适用于快速高精度的定位(如精密单点定位 PPP)。

3.北斗卫星导航系统的核心功能与服务

北斗卫星导航系统提供基础导航服务和特色增强服务两大类功能,能够覆盖全球区域的需求。其核心功能如下。

(1)定位导航授时(RNSS):全球范围无源定位,定位精度优于 10 m(公开服务),测速精度 0.2 m/s,授时精度 20 ns,支持军事、交通、物流等领域。

(2)国际搜救(SAR):与全球卫星搜救系统(COSPAS-SARSAT)兼容,提供遇险报警与位置回传。

(3)短报文通信:指的是区域短报文(RSMC),支持亚太地区用户发送 120 汉字/次短报文,不需要地面通信网络,覆盖应急救灾、海洋渔业等场景。

(4)全球短报文(GSMC):2020 年后扩展至全球,单次容量为 40 汉字。

(5)星基增强(SBAS)与地基增强(GAS):SBAS 通过 GEO 卫星播发差分修正信息,将民航等安全关键领域定位精度提升至亚米级。

北斗卫星导航系统的导航电文结构分为 D1 电文和 D2 电文。

(1)D1 电文:50 bps 速率,包含卫星星历、钟差等基本参数。

(2)D2 电文:500 bps 速率,集成增强服务信息(如电离层修正)。

北斗卫星导航系统采用 B-CNAV3 编码格式,支持纠错与数据冗余校验,有效提升了导航电文传输的可靠性。

北斗卫星导航系统的坐标系统采用 2000 国家大地坐标系(CGCS2000),其与 WGS-84 坐标系统的坐标系原点、尺度、定向及定向演变的定义都相同,二者的参考框架的精度一致。当时间系统基于铯原子钟的北斗时(BDT),其与协调世界时(UTC)偏差小于 100 ns。

北斗卫星导航系统时间基准为北斗时,北斗时是一个连续的时间系统,秒长取国际单位制(SI)秒,起始历元为 2006 年 1 月 1 日 0 时 0 分 0 秒协调世界时。BDT 与 UTC 的偏差保持在 100 ns 以内。GPS 采用 GPST,其时间零点定义为处于 1980 年 1 月 5 日夜与 1980 年 1 月 6 日晨之间的子夜,以 UTC(USNO)为时间度量基准,与 UTC 相差为整数跳秒。BDT 与 GPST 在数据处理时要进行时间转换,经过计算,两者之间相差 14 s。

北斗卫星导航系统通过混合星座、多频信号、通导融合三大技术,成为全球首个集成导航与通信能力的卫星导航系统。其短报文服务与三频信号设计在国际竞争中形成差异化优势,尤其在亚太地区的性能领先。未来,随着低轨增强星座的部署和 6G 空天地一体化网络的推进,北斗卫星导航系统将在自动驾驶、智慧城市、深空探测等领域发挥更大的作用。

2.2　伪距单点定位

伪距单点定位是最常见、最快速的 GNSS 单点定位方式。

2.2.1　伪距观测模型

伪距观测模型为

$$R_r^s(t_r, t_e) = \sqrt{(x_s - x_r)^2 + (y_s - y_r)^2 + (z_s - z_r)^2} - \delta t_r c + \sum \delta \qquad (2\text{-}2)$$

下面为简化起见,令 R 为 $R_r^s(t_r,t_e)$,$\rho=\rho_r^s(t_r,t_e)=\sqrt{(x_s-x_r)^2+(y_s-y_r)^2+(z_s-z_r)^2}$,
式(2-2)可简化为

$$f(x_r,y_r,z_r,\delta t_r c)=R=\rho-\delta t_r c+\sum\delta \tag{2-3}$$

分别按照 $x_r,y_r,z_r,\delta t_r c$ 求偏导数

$$\begin{cases} \dfrac{\partial R}{\partial x}=-\dfrac{x_s-x_r}{\rho}=-e_x \\[2mm] \dfrac{\partial R}{\partial y}=-\dfrac{y_s-y_r}{\rho}=-e_y \\[2mm] \dfrac{\partial R}{\partial z}=-\dfrac{z_s-z_r}{\rho}=-e_z \\[2mm] \dfrac{\partial R}{\partial t}=-1 \end{cases} \tag{2-4}$$

式中,e_x,e_y,e_z 分别表示接收机到卫星的向量与 X,Y,Z 轴的方向余弦。

注意:这里所有的符号都是负号。这也是后面平差方程中系数矩阵的值。

令接收机的近似坐标向量为 $(x_{r_0},y_{r_0},z_{r_0})$,与接收机坐标 (x_r,y_r,z_r) 的偏差为 $(\delta x,\delta y,\delta z)$。在 $(x_{r_0},y_{r_0},z_{r_0})$ 处 ρ 的全微分

$$\Delta\rho=-e_x\Delta x-e_y\Delta y-e_z\Delta z+o(\rho) \tag{2-5}$$

$o(\rho)$ 为高阶小量,ρ_0 为观测量的近似值,则站星几何距离可表示为

$$\rho=\rho_0+\Delta\rho=\rho_0-e_x\Delta x-e_y\Delta y-e_z\Delta z+o(\rho) \tag{2-6}$$

在近似参数 $(x_{r_0},y_{r_0},z_{r_0},0)$ 处,将 R 按照泰勒级数展开,忽略高阶小量,得到线性化的伪距观测方程

$$R=-e_x\delta x-e_y\delta y-e_z\delta z-\delta t_r c+\rho_0+\sum\delta \tag{2-7}$$

写成 $A\delta X-(L-D)=0$ 的形式为

$$-e_x\delta x-e_y\delta y-e_z\delta z-\delta t_r c-\left[R-\left(\rho_0+\sum\delta\right)\right]=0 \tag{2-8}$$

式中,L 为观测值 R;D 为近似值 $\rho_0+\sum\delta$;$A=\begin{bmatrix}-e_x & -e_y & -e_z & -1\end{bmatrix}$;$\delta X$ 为 $\begin{bmatrix}\delta x & \delta y & \delta z & \delta t_r c\end{bmatrix}^{\mathrm{T}}$。

2.2.2　伪距误差方程

由线性化的伪距观测方程,可得误差方程 $V=A\delta X-l$,即

$$V=-e_x\delta x-e_y\delta y-e_z\delta z-\delta t_r c-\left[R-\left(\rho_0+\sum\delta\right)\right] \tag{2-9}$$

式中,$A=\begin{bmatrix}-e_x & -e_y & -e_z & -1\end{bmatrix}$;$l=R-\left(\rho_0+\sum\delta\right)$;$\delta X=\begin{bmatrix}\delta x & \delta y & \delta z & \delta t_r c\end{bmatrix}^{\mathrm{T}}$。

GPS 接收机同时观测 4 颗卫星时,对应 $V=A\delta X-l$,则

$$\begin{bmatrix} v_1 \\ v_2 \\ v_3 \\ v_4 \end{bmatrix}=\begin{bmatrix} -e_{x1} & -e_{y1} & -e_{z1} & -1 \\ -e_{x2} & -e_{y2} & -e_{z2} & -1 \\ -e_{x3} & -e_{y3} & -e_{z3} & -1 \\ -e_{x4} & -e_{y4} & -e_{z4} & -1 \end{bmatrix}\begin{bmatrix} \delta x \\ \delta y \\ \delta z \\ \delta t_r c \end{bmatrix}-\begin{bmatrix} R_1-\left(\rho_{01}+\sum\delta_1\right) \\ R_2-\left(\rho_{02}+\sum\delta_2\right) \\ R_3-\left(\rho_{03}+\sum\delta_3\right) \\ R_4-\left(\rho_{04}+\sum\delta_4\right) \end{bmatrix} \tag{2-10}$$

式中,下标 1,2,3,4 代表不同的卫星。由式(2-10)可以求出 4 个改正参数的值。

2.2.3 伪距定位精度分析

参考信号和接收到的信号的对齐精度直接影响时间延迟量的准确程度。根据经验,接收机的参考信号与其接收到的信号的对齐精度(接收机的参考测距码和接收到的测距码的最大相关精度)约为码元宽度的 1%。C/A 码的码元宽度为 293 m,其测距精度约为 2.93 m;P 码的码元宽度为 29.3 m,其测距精度约为 0.293 m,P 码的精度比 C/A 码高 10 倍,而载波定位可以达到毫米级别。

2.3 载波相位测量

由于载波的波长远小于码的波长,所以在分辨率相同的情况下,载波相位的观测精度远比码相位的观测精度要高。例如,对载波 L1 而言,其波长为 19 cm,所以相应的距离观测误差约为 2 mm,而对载波 L2 的相应误差约为 2.5 mm。载波相位观测是目前精度最高的观测方法,它对精密定位工作具有极为重要的意义。但载波信号是一种周期性的正弦信号,而相位测量只能测定其不足一个波长的部分,因而存在整周不确定的问题,使解算过程复杂化。

因为 GPS 信号已用相位调制的方法在载波上调制了测距码和卫星电文,所以收到的载波的相位已不再连续(当调制信号从 0→1 或从 1→0 时,载波的相位均要变化 180°)。在进行载波相位测量之前,首先要进行解调工作,设法将调制在载波上的测距码和卫星电文去掉,重新获取载波。这一工作称为重建载波。

2.3.1 重建载波

重建载波一般可采用两种方法,即码相关法和平方法。当采用码相关法恢复载波信号时,用户可同时提取测距码和卫星电文。但采用这种方法时用户必须知道测距码的结构(即接收机必须能产生结构完全相同的测距码)。采用平方法,用户不需要掌握测距码的结构,但在自乘的过程中只能获得载波信号(严格地说是载波的二次谐波,其频率比原载波频率增加了一倍),而无法获得测距码和卫星电文。

2.3.2 相位测量原理

若卫星 S 发出一载波信号,该信号向各处传播。设某一瞬间,该信号在接收机 R 处的相位为 φ_R,在卫星 S 处的相位为 φ_S。φ_R、φ_S 是从某一起点开始计算的包括整周数在内的载波相位,为方便计算,均以周数为单位。若载波的波长为 λ,则卫星 S 至接收机 R 间的距离为 $\rho = \lambda(\varphi_S - \varphi_R)$,但我们无法测量出卫星上的相位 φ_S。如果接收机的振荡器能产生一个频率与初相和卫星载波信号完全相同的基准信号,那么问题便迎刃而解。由于任何一个瞬间在接收机处的基准信号的相位均等于卫星处载波信号的相位,因此($\varphi_S - \varphi_R$)就等于接收机产生的基准信号相位 $\varphi_k(T_k)$ 和接收到的来自卫星的载波信号相位 $\varphi_k^j(T_k)$ 之差,即

$$\Phi_k^j(T_k) = \varphi_k^j(T_k) - \varphi_k(T_k) \tag{2-11}$$

某一瞬间的载波相位测量值(观测量)就是该瞬间接收机所产生的基准信号相位 $\varphi_k(T_k)$ 和

接收到的来自卫星的载波信号相位 $\varphi_k^j(T_k)$ 之差,因此,根据某一瞬间的载波相位测量值可求出该瞬间从卫星到接收机的距离。

但接收机只能测得一周内的相位差,而代表卫星到测站距离的相位差还应包括已经传播完成的整周数 N_k^j

$$\Phi_k^j(T_k) = N_k^j + \varphi_k^j(T_k) - \varphi_k(T_k) \tag{2-12}$$

假如在初始时刻 t_0 观测得出的载波相位观测量为

$$\Phi_k^j(t_0)_k = N_k^j + \varphi_k^j(t_0) - \varphi_k(t_0) \tag{2-13}$$

式中,N_k^j 为第一次观测时相位差的整周数,也称为整周模糊度。

接收机由一计数器连续记录从 t_0 时刻开始计算的整周数 $\mathrm{INT}(\varphi)$,在 t_i 时刻观测的相位观测值为

$$\Phi_k^j(t_i) = N_k^j + \mathrm{INT}(\varphi_i) + \varphi_k^j(t_i) - \varphi_k(t_i) \tag{2-14}$$

显然,对于不同的接收机、不同的卫星,其模糊参数存在差异。此外,一旦观测中断(例如,卫星不可见或信号中断),就不能进行连续的整周计数,即使是同一接收机观测同一卫星也不能使用同一模糊度,同一接收机在不同时段(不连续)观测同一卫星也不能使用同一模糊度。

如果某种原因(例如,卫星信号被障碍物挡住而暂时中断)使计数器无法连续计数,那么当信号被重新跟踪后,整周计数将丢失某一测量值而变得不正确,不足一整周的部分(接收机的观测量)是一个瞬时测量值,因此仍是正确的,这种现象叫作整周跳变(简称周跳)或丢失整周(简称失周)。周跳在数据处理时必须加以修复。如果修复不了,就会在重新观测到同一颗卫星时刻起又存在一个新的模糊度。

2.3.3　相位测量数学模型

卫星在某一时刻 T 发播的相位事件经传播延迟 τ_k^j 后被接收机 k 接收,即在接收机钟面 T_k 时所接收到的相位事件是卫星在 GPS 时间系统 T 时刻的相位事件

$$\Phi_k^j(T_k) = \varphi^j(T) \tag{2-15}$$

$$T = T_k + \delta t_k - \tau_k^j(T) \tag{2-16}$$

式中,δt_k 是接收机 k 钟面时与 GPS 的钟差;$\tau_k^j(T)$ 是卫星 j 至接收机 k 的传播延迟。在地固坐标系中,传播延迟取决于接收机与卫星的位置,而它们又是时间的函数。式(2-16)代入式(2-15),接收机接到的相位有

$$\Phi_k^j(T_k) = \varphi^j[T_k + \delta t_k - \tau_k^j(T)] \tag{2-17}$$

于是接收机 k 在钟面 T_k 时刻观测卫星 j 所得相位观测量为

$$\Phi_k^j(T_k) = \varphi^j[T_k + \delta t_k - \tau_k^j(T)] - \varphi_k(T_k) + N_k^j \tag{2-18}$$

式中包括了信号传播延迟 $\tau_k^j(T)$,它以 GPS 的时间 T 为参数,与其他项的时间参数 T_k 不同,为了避免因时间参数的不统一带来的不便,可以将 $\tau_k^j(T)$ 中的参数改为接收机钟面时 T_k

$$\tau_k^j(T) = \tau_k^j[T_k + \delta t_k - \tau_k^j(T)] = \frac{1}{c}\rho_k^j[T_k + \delta t_k - \tau_k^j(T)] \tag{2-19}$$

利用技术展开有

$$\tau_k^j(T) = \frac{1}{c}\rho_k^j(T_k) + \frac{1}{c}\dot{\rho}_k^j(T_k)\delta t_k - \frac{1}{c}\dot{\rho}_k^j(T_k) \cdot \tau_k^j(T)$$

$$= \frac{1}{c}\rho_k^j(T_k) + \frac{1}{c}\dot\rho_k^j(T_k)\delta t_k - \frac{1}{c}\dot\rho_k^j(T_k) \cdot \left\{ \frac{1}{c}\rho_k^j(T_k) + \frac{1}{c}\dot\rho_k^j(T_k)\delta t_k \right.$$
$$\left. - \dot\rho_k^j(T_k)\left[\frac{1}{c}\rho_k^j(T_k) + \frac{1}{c}\dot\rho_k^j(T_k)\delta t_k - \cdots \right] \right\} \tag{2-20}$$

考虑到相位与时间的关系：$\Delta\varphi = \omega\Delta t$，即 $\Delta\varphi = f\Delta t$，代入观测量方程并取至平方项有

$$\Phi_k^j(T_k) = \varphi^j(T_k) + f^j\delta t_k - \frac{1}{c}f^j\rho_k^j(T_k) - \frac{1}{c}f^j\dot\rho_k^j(T_k)\left[\delta t_k - \frac{1}{c}\rho_k^j(T_k)\right] - \varphi_k(T_k) + N_k^j$$

$$\tag{2-21}$$

上式为相位测量数学模型，式中包括了卫星至接收机的距离及其时间变化率，它们是卫星与接收机位置的函数。或者说，载波相位测量的观测量中包含了卫星位置和接收机位置的信息，这正是可以利用载波相位观测量进行接收机定位或卫星定轨的理论基础。

2.4　RTK 测量

在 GNSS 测量中，静态、快速静态、动态测量都需要事后进行解算才能获得厘米级的精度，而 RTK(Real-Time Kinematic)实时动态差分法是一种能够在野外实时得到厘米级定位精度的测量方法，它的出现极大地提高了野外作业效率。RTK 采用了载波相位动态实时差分方法，是 GNSS 应用的重大里程碑。它的出现为工程放样、地形测图，以及各种控制测量带来了新的曙光，极大地提高了外业作业效率。RTK 作业模式数据链路示意图如图 2-5 所示。

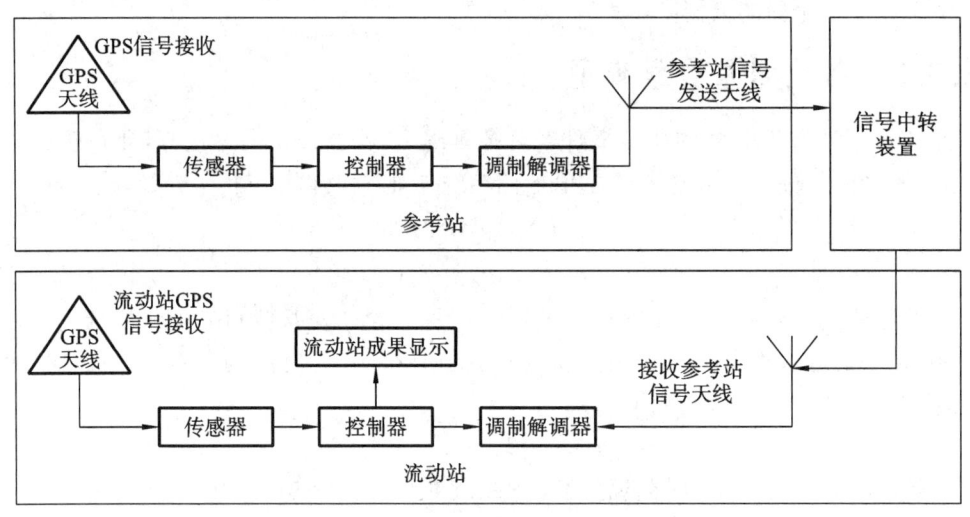

图 2-5　RTK 作业模式数据链路示意图

RTK 实时动态差分法是一种新的常用的 GNSS 测量方法，以前的静态、快速静态、动态测量都需要事后进行解算才能获得厘米级的精度，而 RTK 是能够在野外实时得到厘米级定位精度的测量方法。高精度的 GNSS 测量必须采用载波相位观测值，RTK 定位技术就是基于载波相位观测值的实时动态定位技术，它能够实时地提供测站点在指定坐标系中的三维定位结果，并达到厘米级精度。在 RTK 作业模式下，基准站通过数据链将其观测值和测站坐标信息传送给流动站。流动站不仅要通过数据链接收来自基准站的数据，还要采集 GNSS 观测数据并在

系统内组成差分观测值进行实时处理,同时给出厘米级定位结果,历时不足一秒钟。流动站可处于静止状态,也可处于运动状态;可在固定点上先进行初始化再进入动态作业,也可在动态条件下直接开机并在动态环境下完成整周模糊度的搜索求解。在整周模糊度固定后,即可进行每个历元的实时处理,只要能保持 4 颗以上卫星相位观测值的跟踪和必要的几何图形,流动站就可随时给出厘米级定位结果。

2.5　连续运行参考站系统

为了进一步提高 GNSS 导航定位的稳定性、精度、时效性,拓展 GNSS 测量应用,许多国家或地区建立了 GNSS 地面参考站及相应的数据处理中心和服务系统,即连续运行参考站系统(CORS)。连续运行参考站系统是一个连续、动态、高精度的定位框架基准系统,是快速获取时间、空间数据和地理特征的城市基础设施,是集卫星定位、计算机网络、数字通信等技术于一体的综合服务系统,在大地测量、地震监测、水文气象、交通导航等领域发挥着重要的作用。如图2-6 所示,CORS 由基准站网、数据处理与监控中心、数据传输系统、用户服务系统、用户应用系统 5 个部分组成,数据处理与监控中心与各基准站通过数据传输系统连接形成专用网络。

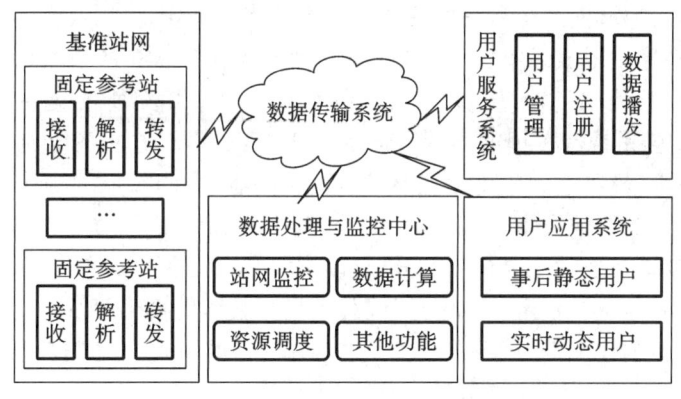

图 2-6　CORS 的组成

基准站网由多个固定的、连续运行的参考站组成,主要功能是负责观测和记录 GNSS 卫星观测数据,并以数据流的方式转交给数据传输系统;数据传输系统一般由通信专线网构成,负责整个网络系统的数据传输工作,包括将基准站数据传输到数据处理与监控中心,将数据处理与监控中心的数据传输给数据播发系统等;数据处理与监控中心是系统的核心组成部分,是高精度、实时、动态定位的关键,对于实时导航定位应用,其不断地根据各基准站的实时观测数据进行整体建模解算,自动生成流动 GNSS 站点的虚拟参考站数据或改正信息,并通过数据通信网络和数据播发系统对外播发;用户服务系统负责用户注册、管理,通过互联网、移动网络、UHF 电台等形式向 GNSS 用户播发导航、定位数据;用户应用系统根据应用的不同,包括用户信息接收、导航、网络 RTK 定位、事后或快速精密定位等,根据观测数据和系统播发数据计算流动站的精确点位、气象信息等。除提供在线精密定位服务外,CORS 系统还提供事后在线服务,可通过计算机网络提供数据检索、下载、计算等服务。

CORS 利用多种精度的静态、动态定位服务制品,可以满足广泛的 GNSS 应用需求,通过全球同步观测,不断完善和维护地球参考框架,完成固体地球形变、监测地球自转、监测海平面变化、监测陆海板块构造边界变化、监测电离层及大气水汽变化、跟踪确定卫星轨道等全球性科学任务，提供陆地、海域精确的定位及相关科学服务，其产品主要包括精密星历和钟差、站坐标和速度场、伪距和载波相位观测值、地球自转参数、电离层、大气水汽参数等数据，用于工程建设、科学研究，以及满足不同用户的应用需求。

2.6 卫星导航增强系统

卫星导航增强系统是卫星导航系统建设中的一项重要内容，堪称卫星导航系统的"能力倍增器"。目前的卫星导航系统尽管已经在各个民商用领域应用广泛，并且成为各大强国发展不可或缺的一环，但由于技术和系统的局限性，在某些领域（如航空精密进近等）仍无法满足需求，需要利用增强系统将其能力加以提升。

从目前全球卫星导航系统发展的大趋势来看，从前的美国 GPS "一家独大"，但随着俄罗斯的 GLONASS、中国的 BDS、欧洲的 Galileo 的崛起，GNSS 正向着"四分天下"发展，未来可能还会有其他国家的区域系统出现，那时 GNSS 将是"群雄逐鹿"的局面，系统间的竞争将愈加激烈。如何能够突破重围，在竞争中立于不败之地？一般来说，系统服务性能将是制胜关键，而作为系统能力倍增器的增强系统将是实现这一能力的重中之重。

目前，国外卫星导航增强系统主要分为星基增强系统（SBAS）和地基增强系统（GBAS）两大类。星基增强系统有美国的广域增强系统（WAAS）、俄罗斯的差分校正和监测系统（SDCM）等；地基增强系统有美国的局域增强系统（LAAS）等。这些系统使用了具有各种增强效果的导航增强技术，最终达到了增强卫星导航服务性能的目的。从增强效果上看，这些增强系统所使用的卫星导航增强技术主要包括精度增强技术、完好性增强技术、连续性和可用性增强技术。其中，精度增强技术主要运用差分原理，进一步可分为广域差分技术、局域差分技术、广域精密定位技术和局域精密定位技术等；完好性增强技术主要运用完好性监测原理，进一步可分为系统完好性监测技术、广域差分完好性监测技术、局域差分完好性监测技术等；连续性和可用性增强技术主要是增加导航信号源，进一步可分为天基卫星增强技术、地基伪卫星增强技术等。当前卫星导航增强系统所采用的各种增强技术分类如表 2-1 所示。下面主要从星基增强系统和地基增强系统这一分类角度，对目前国外卫星导航增强系统的发展情况进行简要介绍。

表 2-1 当前卫星导航增强系统所采用的各种增强技术分类

	星基增强系统		地基增强系统	
精度增强技术	广域差分技术	广域精密定位技术	局域差分技术	局域精密定位技术
完好性增强技术	广域差分完好性监测技术	系统完好性监测技术		局域差分完好性监测技术
连续性和可用性增强技术	天基卫星增强技术		地基伪卫星增强技术	

2.6.1 星基增强系统及其发展应用

星基增强系统（SBAS）通过地球静止轨道（GEO）卫星搭载卫星导航增强信号转发器，可以向用户播发星历误差、卫星钟差、电离层延迟等多种修正信息，实现对原有卫星导航系统定位精度的改进,从而成为各航天大国竞相发展的手段。目前,全球已经建立了多个 SBAS,如美国的广域增强系统(WAAS)、俄罗斯的差分校正和监测系统(SDCM)、欧洲的欧洲地球静止导航重叠服务(EGNOS)、日本的多功能卫星星基增强系统(MSAS)以及印度的 GPS 辅助静地轨道增强导航系统(GAGAN)。

上述 SBAS 的工作原理大致相同。首先,由大量分布极广的差分站(位置已知)对导航卫星进行监测,获得原始定位数据(如伪距、卫星播发的相位等)并送至中央处理设施(主控站),后者通过计算得到各卫星的各种定位修正信息,通过上行注入站发给 GEO 卫星,最后将修正信息播发给广大用户,从而达到提高定位精度的目的。

1. 美国广域增强系统

广域增强系统(Wide Area Augmentation System,WAAS)是一个由美国联邦航空局(FAA)研发建立的主要用于航空领域的导航增强系统。该系统通过 GEO 卫星播发 GPS 广域差分数据,从而提高全球定位系统的精度和可用性。

美国 WAAS 利用遍布北美和夏威夷的地面参考站(Wide-area Reference Station,WRS)采集 GPS 信号并传送给主控站(Wide-area Master Station,WMS)。WMS 通过计算得出差分改正(Deviation Correction,DC),并将改正信息经地面上行注入站传送给 WAAS 的 GEO 卫星。最后由 GEO 卫星将信息播发给地球上的用户,这样用户就能够通过得到的改正信息精确计算自己的位置。

WAAS 的发展可分为 4 个阶段:第 1 阶段为初始运行能力阶段,其研发始于 20 世纪 90 年代,2003 年 7 月 10 日完成,实现了 WAAS 信号对 95% 的美国领土的覆盖,动态定位水平精度 3～5 m,垂直精度 3～7 m。第 2 阶段(2003—2008 年)和第 3 阶段(2009—2013 年)实现 WAAS 对航空进场着陆能力的改善,通过 WAAS 实现飞机的 LPV(垂直指引功能定位信标)和 LPV-200 能力,可以使飞机在不具备仪表着陆系统(Instrument Landing System,ILS)的飞机场仍可实现类似于仪表着陆的高安全性着陆。仪表着陆系统又称为仪器降落系统,是目前应用最广泛的飞机精密进近和着陆引导系统。它由地面发射的两束无线电信号实现航向道和下滑道指引,建立一条由跑道指向空中的虚拟路径,飞机通过机载接收设备,确定自身与该路径的相对位置,使飞机沿正确方向飞向跑道并且平稳下降高度,最终实现安全着陆。而开通 LPV-200 认证的飞机能够使降落判决最小高度降低至约 61 m,从而提高跑道的可用性。第 4 阶段(2014—2028 年),WAAS 将增加 L5 频段信号,并实现 L1 和 L5 的双频跟踪能力。

在 WAAS 建立之初,其空间段由两颗 GEO 国际海事卫星 Inmarsat-3-F4(西太平洋地区,AOR)和 Inmarsat-3-F3(太平洋地区,POR)组成,两颗 GEO 卫星的轨道分别位于西经 133° 和西经 107°。现在,这两颗卫星已经分别被另外两颗 GEO 卫星所取代,即国际通信卫星有限公司(Intelsat)的商业卫星 Galaxy-15 及加拿大的通信卫星 Anik -F-1R。此外,2010 年末国际海事卫星 Inmarsat-4-F3 成为 WAAS 的第三颗 GEO 卫星,轨道位于西经 98°。

2. 俄罗斯差分校正和监测系统

自 2002 年起,俄罗斯联邦就开始着手研发并建立 GLONASS 的卫星导航增强系统——差分校正和监测系统(SDCM)。SDCM 能为 GLONASS 及其他全球卫星导航系统提供性能强化服务,以满足所需的高精度及可靠性。与其他的卫星导航增强系统类似,SDCM 也是利用差分定位的原理,该系统主要由 3 部分组成:差分校准和监测站、中央处理设施,以及用来中继差分校正信息的地球静止轨道卫星。

3. 欧洲地球静止导航重叠服务

欧洲地球静止导航重叠服务(EGNOS)是欧洲自主研发建立的星基增强系统,它通过增强 GPS 和 GLONASS 的定位精度,来满足高安全用户的需求。EGNOS 系统是欧洲 GNSS 计划的第一步,是欧洲开发 Galileo 卫星导航系统计划的前奏。

EGNOS 系统是欧洲航天局(ESA)、欧盟(EU)和欧洲航空安全组织(Eurocontrol)联合规划的项目。欧洲航天局全面负责 EGNOS 系统的技术设计和工程建设;欧盟负责国际合作,并且确保把各类用户对系统的要求融入 EGNOS 系统的设计和实施中;欧洲航空安全组织设计民用航空需求,并且在系统测试中扮演主要角色。

EGNOS 系统已经于 2009 年开始正式运行使用,并将至少工作 20 年。目前,EGNOS 系统可以提供三种服务:①免费的公开服务,定位精度 1 m,已于 2009 年 10 月开始服务;②生命安全服务,定位精度 1 m,已于 2011 年 3 月开始服务;③EGNOS 数据访问服务,定位精度小于 1 m,已于 2012 年 7 月开始服务。

4. 日本多功能卫星星基增强系统

日本的多功能卫星星基增强系统(MSAS)是基于 2 颗多功能传输卫星的 GPS 星基增强系统,主要目的是为日本航空提供通信与导航服务。该系统覆盖范围为日本所有飞行服务区,此外,也可以为亚太地区的机动用户播发气象数据信息。该项目由日本气象厅和日本交通部于 1996 年开始实施。

MSAS 的空间段由 2 颗多功能传输卫星(MTSat)组成,是日本发展的地球静止轨道气象和环境观测卫星——"向日葵"(Himawari)卫星的第二代。MTSat 是日本国土交通省(MLIT)和日本气象厅共同出资研发的气象观测与 GPS 导航增强卫星。除为日本气象厅提供气象服务外,还为日本民航局(JCAB)提供航空运输管理和导航服务。美国劳拉空间系统公司是 MTSat-1/1R 卫星的主承包商,日本三菱电机公司是 MTSat-2 卫星的主承包商。目前,在轨运行的卫星包括 MTSat-1R 和 MTSat-2,分别位于东经 140°和 145°,采用 Ku 频段和 L 频段两个载波,其中 Ku 频段主要用于播发气象数据,L 频段的频率与 GPS L1 频段相同,主要用于导航服务。

MSAS 系统的地面段包括 2 个主控站(分别位于神户和常陆太田)、4 个地面监测站(GMS)(分别位于福冈、札幌、东京和那霸)和 2 个监测测距站(MRS)(分别位于夏威夷和澳大利亚)。

5. 印度 GPS 辅助静地轨道增强导航系统

印度的 GPS 辅助静地轨道增强导航系统(GAGAN)由印度空间组织(ISRO)和印度航空管理局(AAI)联合组织开发。

GAGAN 的空间段由 3 颗位于印度洋上空的 GEO 卫星构成,采用 C 频段和 L 频段,其中 C 频段主要用于测控,L 频段与 GPS 的 L1(1575.42 MHz)和 L5(1176.45 MHz)频段完全相同,用于播发导航信息,并可与 GPS 兼容和互操作。空间信号覆盖整个印度大陆,能为用户提供 GPS 信号和差分修正信息,用于改善印度机场和航空应用的 GPS 定位精度和可靠性。

GAGAN 空间段的 3 颗 GEO 卫星分别为"地球静止卫星"(Geosynchronous Satellite, GSAT)系列的 GSAT-8、GSAT-10 及 GSAT-15。"地球静止卫星"系列是印度自主发展的静止轨道通信卫星,是印度国家卫星系统两大系列之一,由印度空间研究组织(ISRO)研制,并计划采用印度自己的"地球同步卫星运载火箭"(GSLV)发射。目前,GAGAN 系统空间段计划使用的 3 颗 GEO 卫星已经发射了两颗:第一颗搭载 GAGAN 载荷的卫星 GSAT-8 于 2011 年 5 月发射,目前正工作在东经 55°的轨道上;第二颗搭载 GAGAN 载荷的卫星 GSAT-10 于 2012 年 9 月发射,目前正工作在东经 83°的轨道上;最后一颗 GSAT-15 于 2015 年 11 月发射。

2.6.2　地基增强系统及其发展应用

1. 局域增强系统

局域增强系统(Local Area Augmentation System,LAAS)是一种能够在局部区域内提供高精度 GPS 定位的导航增强系统。其原理与广域增强系统(WAAS)类似,只是用地面的基准站代替了 WAAS 中的 GEO 卫星,通过这些基准站向用户发送测距信号和差分改正信息,从而实现飞机的精密进场。

精密进场是飞机在飞行过程中最关键的阶段,根据要求的不同,精密进场可分为 3 个级别:CAT Ⅰ、CAT Ⅱ和 CAT Ⅲ。

WAAS 只能满足 CAT Ⅰ类精密进场的性能要求,对于难度更大、性能要求更严格的 CAT Ⅱ和 CAT Ⅲ类精密进场,必须采用 LAAS 方式。尽管 LAAS 和 WAAS 相比,其服务区域有限(为 30～50 km),但是却能提供比 WAAS 更高的定位精度。它利用地面信号发射器广播差分修正信息,具有为飞机提供全天候且满足各类精密进场与着陆要求的导航服务的潜力。

美国联邦航空委员会(FAA)计划采用两个阶段开发 LAAS 系统:第一阶段,研制可提供 CAT Ⅰ精密进场服务的 LAAS 地面站和机载航空电子设备;第二阶段,开发具有Ⅱ、Ⅲ类能力的 LAAS。目前,第一阶段的研制发展已经比较成熟,并于 2011 年和 2012 年在纽瓦克和休斯敦两市开展 LAAS 站的 CAT Ⅰ设施建设和运行认证。针对第二阶段,FAA 首先基于现有成熟技术研发 LAAS 单频 CAT Ⅱ,然后根据双导航频率的 GPS 星座进展情况,适时开展 LAAS 双频 CAT Ⅲ的研究,以提高可用性。2015 年 CAT Ⅲ的 LAAS 地面和机载系统的开发都已经进入原型样机阶段。

2. 美国国家差分 GPS 系统

美国国家差分 GPS 系统(NDGPS)是由联邦铁路管理局、美国海岸警卫队和联邦公路管理局经营和维护的地基增强系统。它能为地面和水面的用户提供更精确和完全的 GPS 服务。现代化的 NDGPS 工作包括正在开发的高精度 NDGPS(即 HA-NDGPS)。HA-NDGPS 用来加强 GPS 的性能,使整个覆盖范围内的精度达到 10～15 cm。NDGPS 是按照国际标准建造的,世界上 50 多个国家已经采用了类似的标准。

3. 国际 GNSS 服务组织

国际 GNSS 服务(The International GNSS Service,IGS)组织的前身为国际 GPS 服务组织。IGS 组织提供的高质量数据和产品被用于地球科学研究等多个领域。

IGS 组织由卫星跟踪站、数据中心、分析处理中心等组成。它在网上几乎能够实时地提供高精度的 GPS 数据和其他数据产品,以满足广泛的地球科学研究及工程领域的需要。

IGS 组织的主要任务是为全球卫星定位系统提供高精度的标准数据和产品,以支持地球科学研究、教育等多学科的应用。这些活动的目的是提高人们对地球构造及其相互关系的科学认知水平,同时也方便其他有利于社会的相关应用。为完成使命,IGS 组织下设若干机构:1 个由超过 350 个连续运行双频 GPS 观测站构成的全球网络;超过 12 个的区域性数据中心;3 个全球数据中心;7 个分析中心;数个相互联系的活动区域性分析中心。该组织的总部位于喷气推进实验室,它包括中央局信息系统,通过该系统能够获取 IGS 产品和信息。

4.连续运行参考站系统

连续运行参考站系统(CORS)是一种广泛使用的地基增强手段。其原理是在同一批测量的 GPS 站点中选出一些点位可靠且对整个测区具有控制意义的测量站,采取较长时间的连续跟踪观测,通过这些站点组成的网络解算,获取覆盖该地区和该时间段的"局域精密星历"及其他改正参数,用于测区内其他基线观测值的精密解算。

连续运行参考站很好地解决了长距离、大规模的厘米级高精度实时定位的问题。CORS 在测量中扩大了覆盖范围,降低了作业成本,提高了定位精度,且减少了用户定位的初始化时间。

CORS 是目前国内乃至全世界 GPS 的最新技术和发展趋势,发达国家基本上每几十千米就有一个站。发展中国家也在陆续建立 CORS。截至 2014 年,全球 CORS 地面站数量超过了1900 个,服务于全球 200 多家组织与机构。

2.7 工程应用案例

2.7.1 工程案例背景

福建省泉州市福厦铁路工程完成后,为了配合福厦铁路的建设,必须按新规划实施建设部分道路等基础设施项目,以满足客货交通。泉州高铁新火车站及交通枢纽效果图如图 2-7所示。

图 2-7　泉州高铁新火车站及交通枢纽效果图

新规划的控制区总面积为 31 km^2,建设用地为 19.82 km^2,人口规模为 16 万人。需要开展的测绘工作为 1∶500 比例尺地形图测制,作为基础性的测量工作,其中涵盖了前期的道路沿线的带状地形测量,征地拆迁过程中的房屋拆迁测量,道路施工建设过程中的规划与市政工程测量,以及竣工测量等相关的测绘工作。

测区内包括 8 个社区,沿着原道路带状地形,测区中分布道路、村落、田地、沟渠,以及企业、居民等。测区交通便利,包括省道、火车站、隧道口,以及一个门字形路线的水泥道路。

2.7.2 资料准备

1.已有资料分析及利用

全省 C 级 GPS 控制网点可作为平面控制点起算数据,也可以使用测区附近的其他可满足测图控制要求的高等级控制点。

经三等水准联测的 C 级 GPS 控制网点的高程和经全省似大地水准面精化内插得到的 GPS 控制点高程值可作为高程控制起算使用,也可以使用测区附近的其他水准点。

现有的 1∶10000 地形图可以作为本项目作业计划、图幅分幅等使用。

2. 引用标准与作业依据

GB/T 20257.1—2017《国家基本比例尺地图图式　第 1 部分:1∶500　1∶1000　1∶2000 地形图图式》,以下简称《图式》

GB/T 18314—2001《全球定位系统(GPS)测量规范》

CJJ/T 8—2011《城市测量规范》,以下简称《规范》

CH 1002—1995《测绘产品检查验收规定》

CH 1003—1995《测绘产品质量评定标准》

GB/T 18316—2001《数字测绘产品检查验收规定和质量评定》

FCB 001—2005《福建省 1∶500　1∶1000　1∶2000 基本比例尺数字地形图测绘技术规定》,以下简称《福建省技术规定》

3. 主要技术指标

坐标系统:平面坐标系统统一采用 1954 北京坐标系,高斯-克吕格投影,按 3 度分带,中央子午线为 120°。高程系统采用 1985 国家高程基准。

成图比例尺为 1∶500,基本等高距为 0.5 m。

成图规格及数据格式:成图规格按 50 cm×50 cm 正方形分幅;数据格式为 AutoCAD 2004 下的 *.dwg;图幅编号按《福建省技术规定》的要求进行。

4. 精度要求

1)地形图平面精度要求

图上地物点相对于邻近图根点的点位中误差与邻近地物点中误差应符合表 2-2 的规定。

表 2-2　图上地物点相对于邻近图根点的点位中误差与邻近地物点中误差　　（单位:mm）

地区分类	点位中误差	邻近地物点间距中误差
城市建筑区、平地、丘陵地	≤0.5	≤±0.4
山地、高山地、设站施测困难的旧街坊内部	≤0.75	≤±0.6

注:森林隐蔽等特殊困难地区,可按表 2-2 中规定值放宽 50%。

2)地形图高程精度要求

地形图高程精度以等高线插求点的高程中误差衡量,等高线插求点相对于邻近图根点的高程中误差应符合表 2-3 的规定。

表 2-3　等高线插求点相对于邻近图根点的高程中误差

地形类别	平地	丘陵地	山地	高山地
高程中误差(等高线)	≤1/3	≤1/2	≤2/3	≤1

注:森林隐蔽等特殊困难地区,可按表 2-3 中规定值放宽 50%。

5. 图上高程点取位

图上高程点取位为 0.01 m。

2.7.3　主要工作流程和内容

1. 首级控制测量

(1)首级控制测量采用 GPS 测量的方式进行,以 C 级 GPS 控制点或其他可满足测图控制要求的高等级控制点为起算点与检测点,每个 GPS 点应至少有一个通视方向。首级控制点按 E 级 GPS 要求进行静态观测和平差。

(2)GPS 控制点标石埋设:建筑物顶上的 GPS 控制点标石埋设,按《规范》附录 C 中的图 C.2.3 执行;土质地面的 GPS 控制点标石埋设,按《规范》附录 C 中的图 C.3.1 执行;水泥和沥青路面的 GPS 控制点标石埋设,使用刻有"GPS"字样的不锈钢标志,中心标志四周加刻 20 cm× 20 cm 边框。

(3)GPS 点号选用"H0"加流水号表示,如 H001。在测区范围内不允许出现重号。观测要求:GPS/RTK 作业基本规定如表 2-4 所示。

表 2-4　GPS/RTK 作业基本规定

卫星高度角 /(°)	有效观测卫星总数/个	时段中任一卫星有效观测时间/min	观测时段数/个	时段长度/min	数据采样间隔/s	卫星观测值象限分布	PDOP 值
≥15	≥4	≥15	≥1.6	≥40	15	(25+20)%—25%	≤6

(4)平差计算:E 级 GPS 控制网内业平差计算使用 GPS 随机解算软件进行基线解算和网平差计算;平差计算时首先在 WGS-84 坐标系统下进行无约束平差,在确定的有效观测量的基础上,利用已知点坐标和高程进行三维约束平差。平差计算各项指标应符合《全球定位系统 (GPS)测量规范》相应要求。

(5)高程测量:首级控制点高程计算可采用 GPS 大地高结合全省似大地水准面精化成果进行计算,也可采用 GPS 拟合高程进行计算。

(6)取位:边长和坐标取至 0.001 m,高程取至 0.001 m。

2. 图根控制测量

(1)在测区首级控制测量基础上,采用 GPS-RTK 测出图根点坐标的方法进行图根控制测量。

(2)图根点的密度以满足测图需要为准,1∶500 比例尺地形图每幅图埋设 1 个图根埋石点,埋石点要均匀分布,且与同幅图相邻的另一个埋石点通视,每幅图的图根点总数应不少于 4 个。位于土质地面的一般图根点埋设使用木桩+铁钉中心标志;位于水泥和沥青路面的一般图根点埋设使用水泥钉标志。一般图根点周边用红漆绘出 10 cm×10 cm 方框及点号。位于土质地面的图根点埋石点使用预制混凝土标石或现场浇灌(规格按《福建省技术规定》第 4.4.1.3 条)予以埋设;位于水泥和沥青路面的图根点埋石点使用特制铆钉作为中心标志并外加刻 15 cm×15 cm 的边框予以埋设。图根点编号采取测区所在镇名汉语拼音的第一个字母加流水号 001~999 表示,如 TL003。

(3)图根导线观测的技术要求按《福建省技术规定》第 4.4 条执行。

(4)图根导线平差采用导线平差软件系统进行平差计算。

(5)取位:边长和坐标取至 0.001 m,高程取至 0.01 m。

3. 全数字化测量

数字化测量采用全站仪极坐标法进行。测绘内容及取舍按照《规范》第 4 章的第 5 节、第 6 节，以及《福建省技术规定》第 6 条执行，符号按《图式》相应符号表示，除此以外，还应遵守以下规定。

(1)测图最大视距不宜大于 160 m，无棱镜仪器最大视距不得大于 60 m。

(2)地形图上高程点注记，图根点高程注记至 0.001 m，碎部点高程注记至 0.01 m。

4. 要素表示等特别要求

(1)要特别注意表示庙宇、祠堂(祖厝)、土地庙等，有名称的应注记名称。

(2)要准确注记村、社区居委会位置。

(3)要表示农村古树名木、园林绿化苗圃。

(4)要施测地下光缆。

(5)房屋建筑结构分类标准见《福建省技术规定》附录 B。

2.7.4　最终成图要求

1. 成图数据分层及颜色

最终成图数据分层及颜色为软件默认分层和默认颜色。

2. 注意事项

(1)图上等高线与各类地物要素相交或叠加时，应断开。

(2)数字编辑成图的图形符号应符合《图式》规定要求，同时应注意各地物之间的相应关系，使图面完全合理。

(3)在进行数据编辑时，对各图形的编辑应充分利用作图辅助工具及目标捕捉方式等功能进行作业。图内各种线划和符号应准确、统一，图面清晰，线条光滑；房角线垂直方正；线与线接头尽量封闭，无出头、断头或不到边的情况。保证图面、层码、高程值一致。图上各种符号间最小间隔为 0.2 mm。

(4)在注记时，应选取恰当的注记位置，文字、数字注记无误，不压盖重要地物。

(5)电力线均连线表示。

(6)图内各种比高注记大于 0.5 m 的要表示，反之则不表示。当比高小于 1.5 m 时，比高注至 0.01 m；当比高大于 1.5 m 时，比高注至 0.1 m。

(7)在进行数据编辑时，应注意注记压盖问题，以免影响图面的清晰。

(8)本次全野外测图数据采集软件为 CASS7.1。

2.7.5　上交成果资料

最终上交成果资料如下。

(1)1∶500 比例尺地形图成果数据(DWG 格式)。

(2)控制点成果表。

(3)各种原始记录、计算资料。

(4)图幅结合图、工作报告(含生产及技术总结相关内容)各 1 份。

(5)技术设计书、检查报告、验收报告各 1 份。

站前大道项目测绘局部成果图如图 2-8 所示。

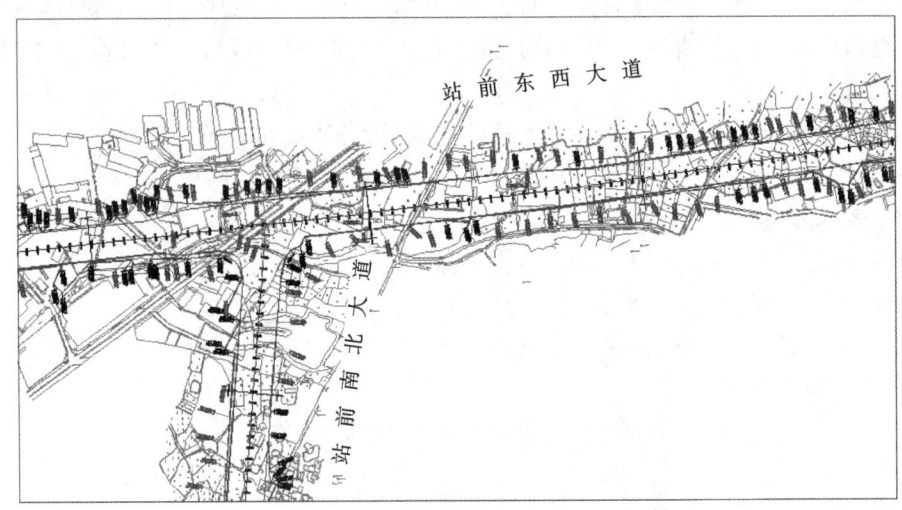

图 2-8　站前大道项目测绘局部成果图

本章参考文献

[1]　宁津生,陈俊勇,李德仁,等.测绘学概论(第三版)[M].武汉:武汉大学出版社,2016.

[2]　张正禄.工程测量学(第三版)[M].武汉:武汉大学出版社,2020.

[3]　李征航,黄劲松.GPS 测量与数据处理(第四版)[M].武汉:武汉大学出版社,2024.

[4]　李德仁,徐小迪,邵振峰.论万物互联时代的地球空间学[J].测绘学报,2022,51(1):1-8.

[5]　叶世榕,赵乐文,陈德忠,等.基于北斗三频的实时变形监测数据处理[J].武汉大学学报
　　　(信息科学版),2016,41(6):722-728.

[6]　李雪珍,章浙涛,刘欢,等.面向复杂条件的北斗/GNSS 数据粗差处理方法[J].南京信息
　　　工程大学学报(自然科学版),2022,14(6):722-730.

[7]　 李博峰,徐天河,姜卫平.ERTK:Extra-wide-lane RTK of Triple-frequency GNSS
　　　Signals [J]. Journal of Geodesy, 2017,91(10):1253-1265.

[8]　李浩军,李博峰,刘经南.北斗三频信号精密定位模型与算法[J].测绘学报,2020,49(5):
　　　557-566.

第3章 三维激光扫描技术

3.1 概　　述

3.1.1 基础知识

LiDAR 是 Light Detection And Ranging 的英文缩写,即激光探测与测距,可称为三维激光扫描系统(Three Dimensional Laser Scanner System),或者简称为激光雷达,是一种通过位置、距离、角度等观测数据直接获取对象表面点三维坐标,实现地表信息提取和三维场景重建的观测技术,是继 GPS 空间定位系统之后又一项测绘技术的新突破。

三维激光扫描具有小型、便捷、精确、高效、安全、稳定、可操作性强等特点,能在几分钟内对所感兴趣的区域建立详尽且准确的三维立体影像,能提供准确的定量分析,可广泛应用于各相关领域,如快速建立局部城市三维模型、古建筑测量与文物保护、逆向工程应用、复杂建筑物施工、地质研究、建筑物变形监测等。

随着应用的不同,三维激光扫描系统的设计也不尽相同,根据扫描原理可分为径向扫描、基于相位的干涉法扫描、三角法扫描 3 种。其中,基于相位的干涉法扫描和三角法扫描适合于短距离的模型扫描(小于 50 m)。一般而言,用于地理场景的扫描仪需要采用径向扫描的中长距离激光扫描系统。如今,国内常见的中长距离扫描仪主要生产商有广州南方测绘科技股份有限公司、上海华测导航技术股份公司、广州中海达卫星导航技术股份有限公司等;国外常见的中长距离扫描仪主要生产商有瑞士的徕卡公司、加拿大的 Optech 公司、法国的 MENSI 公司、奥地利的 Riegl 公司等。

3.1.2 原理与特点

三维激光扫描系统是一套由硬件和软件组成的系统。三维激光扫描仪是三维激光扫描系统的重要组成部分,除此以外,有些仪器可加入数码相机、GPS/INS、全站仪等硬件;软件包括实时控制软件、后期处理软件两种。

激光扫描仪主要包括激光测距系统和激光扫描模块,同时也集成 CCD 和仪器内部控制和校正系统等。在仪器内,通过两个同步反射镜快速而有序地旋转,将激光脉冲发射体发出的窄束激光脉冲依次扫过被测区域,测量每个激光脉冲从发出经被测物表面再返回仪器所经过的时间(或者相位差)来计算距离,同时激光扫描模块控制和测量每个脉冲激光的角度,最后计算出激光点在被测物体上的三维坐标,三维激光扫描仪获取数据示意图如图 3-1 所示。

三维激光扫描系统的原始观测数据主要有:两个连续转动的、用来反射脉冲激光的反射镜的角度值,即水平方向值 α 和天顶距值 θ;通过脉冲激光传播的时间(或相位差)计算得到的仪器到扫描点的距离值 S;扫描点的反射强度 I。前 3 种数据用来计算扫描点的三维坐标值,扫描点的反射强度则用来给反射点匹配灰度信息。一般使用仪器内部坐标系统:X 轴在横向扫

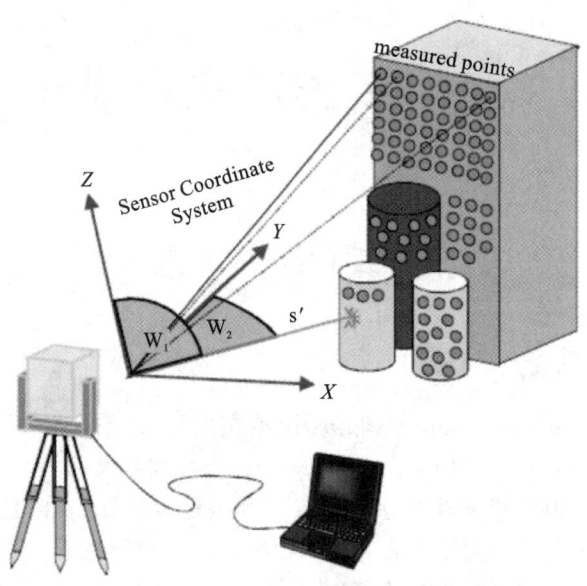

图 3-1　三维激光扫描仪获取数据示意图

描面内；Y 轴在横向扫描面内与 X 轴垂直；Z 轴与横向扫描面垂直。由式(3-1)即可计算出激光点的三维坐标。

$$\begin{cases} X = S\sin\theta\sin\alpha \\ Y = S\sin\theta\cos\alpha \\ Z = S\cos\alpha \end{cases} \tag{3-1}$$

传统测绘中一般采用近景摄影测量的方法实现对三维物体的重建。三维激光扫描技术作为测绘界开发的热点技术之一，能更直接、快速地获取空间三维数据。与之相比，三维激光扫描系统具有以下特点。

(1)三维激光扫描系统是一种非接触式主动测量系统，可以解决危险区域的测量和人员不可到达位置的测量等，以提高工作效率、减少测绘投入费用。

(2)三维激光扫描系统可以进行全天候的数据采集，不受天气影响。

(3)三维激光扫描得到的是离散点云数据，不但可以以交互的方式对数据进行浏览，还能够直接对物体进行空间测量，而一般的摄影测量中，单张图片不可以直接进行空间测量。

(4)三维激光扫描获取的数据具有数据量大、测量速度快、精度高的特点，且可以直接得到物体的离散点三维坐标。

(5)三维激光扫描数据的空间拼接采用坐标匹配方式，而近景摄影测量采用相对定向和绝对定向方式。

(6)三维激光扫描仪配备了数码相机后，同时融合了激光反射强度和物体色彩等信息，能够有机结合激光扫描与摄影测量的优势。

(7)三维激光扫描系统可以方便地插入和建立各种坐标系统，可以与地理信息系统和空间坐标系统(遥感及机载激光雷达 LiDAR 图)无缝连接，可以与全站仪结合使用。

三维激光扫描仪获取的离散点数据，包含了扫描点的三维信息，一般可称为深度数据(Range Data)或者三维点集(3D Datasets)。鉴于三维激光扫描数据呈现云状特点，所以又可把离散点数据称为点云数据。点云数据除含有坐标三维信息之外,还含有反射强度信息,有些扫描仪在加载数码相机后还可以获得物体的表面色彩,这样点云中就包括了相应的 RGB 信息。

3.2　技术流程

3.2.1　数据获取

三维激光扫描系统的外业获取数据可分为准备工作、方案制定、野外数据采集等部分。

1. 准备工作

准备工作一般包括仪器的调试与标定。以 Riegl LMS 系列仪器为例,在准备工作中,应精确标定相机的内、外方位元素及倾斜校正等。

标定相机详细步骤如下。

(1)固定相机的焦距:首先将相机调整为自动模式,并且瞄准约 50 m 远处的一个目标实体(如建筑物),相机焦距将自动调整为近似无穷远;然后调整相机模式为手动,并且固定焦距,调焦完毕。之后将不会再涉及调整焦距这一过程。

(2)布置标签:相机标定一般需要设置 25 个左右的标签,标签的分布均匀,与控制测量中的控制点布置类似,如图 3-2 所示。

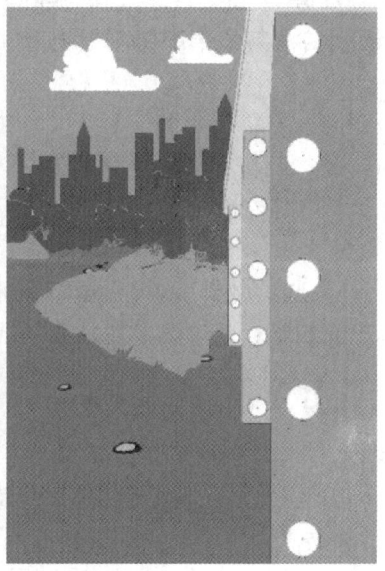

图 3-2　相机校正中标签的布置

(3)导入相机出厂参数;设置扫描参数,如扫描分辨率、角度、扫描模式等;启动扫描。

(4)在点云中选择标签并进行高精度扫描。

(5)进行拍摄:先进行相机设置(打开闪光灯,将光圈及相关参数设置到最大,此步骤的目的是获取尽可能清楚、对比鲜明的反射体),然后拍摄。

(6)查找图像及扫描数据上的共同标签:影像上的标签可以利用软件自动提取,但是有些时候由于扫描的问题,可能会出现一些提取中心效果不理想的情况,因此,某些情况下需要手动校正,删除已有的提取中心,利用鼠标左键单击提取中心,然后将扫描的标签中心与从相片上提取的标签中心连接(Link)起来即可。

(7)根据图像和扫描点云数据上的共同标签信息进行相机的精确校正。

2. 方案制定

为了获得地理场景的三维完整信息,需要多测站、多角度对场景进行扫描。一般可根据实地情况布设 4~10 个站点,并且为了以后的点云配准,要合理安排标签的位置和数量。

站点的布设可参照导线测量,如果测区有大比例尺地形图,则可在地形图上标出测区范围,根据地形条件和测量的具体条件计划扫描的路线和测站点的位置,然后到实地勘测,查看所计划的路线与导线点位置是否合适,并在图上标明改动计划;如果测区没有现成的地形图或者测区范围不大,则可实地勘察,在选择路线的同时确定测站点。

为了把数据导入世界坐标系,需要使用全站仪同时测量。应通过全站仪获取在大地坐标系下标签的坐标,这样在拼接后就可通过标签把所有数据导入世界坐标系。此外,还可以通过在扫描仪上配置 GPS 的方法把数据导入世界坐标系。

在没有配置全站仪或者 GPS 的情况下,测站点的布置最好满足闭合条件,这样易于检查错误和平差处理。

3. 野外数据采集

具体来说,为得到满足要求的点云数据,每一站的点云扫描都需经过场景扫描、标签定位与提取、精扫标签数据、精扫感兴趣范围的数据等步骤。

如果三维激光扫描系统中配置了数码相机,就可以获取纹理影像信息,这时有以下两种方法。

(1)如果数码相机安装在扫描仪上且已经和扫描仪标定好,在精扫获得点云数据后可以直接打开相机进行拍摄,后期可以直接根据标定信息进行点云着色或者生成正摄影像。

(2)直接拿数码相机在任意位置对数据进行采集,这种方法需要在后期手工进行影像和点云数据的配准。

当采集完单个站点的数据后,可根据布设的站点,把仪器搬到另一站,以此采集每站的点云和纹理数据,直至扫描完整个场景的外业数据。

3.2.2 数据处理

三维激光扫描技术得到的点云数据可以直接进行空间测量,这在建筑测量等很多领域有很大用处。然而,由于站点设置、光学反射、定位、视点遮挡等原因,其三维激光扫描的原始数据总是存在各类缺陷,例如,噪声、漏洞、数据不匹配等,需要进行点云着色、点云数据的去噪、点云数据的漏洞修复、点云简化等各类数据内业处理。

1. 点云着色

三维激光扫描仪采集到的点云数据一般只含有三维坐标和激光反射强度信息,而配置有数码相机的三维激光扫描系统能够通过已有的校正信息对点云数据进行着色,以更好地还原真实的数据模型,如图 3-3 所示。着色是指对点云数据赋予颜色信息,是在三维建模前进行的。相对而言,纹理映射是在三角网或者其他构网表面上进行的网格映射,一般是针对三维模型进行的操作。

| (a) 着色前的点云数据 | (b) 着色后的点云数据 |

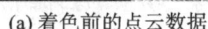

图 3-3　点云数据着色前后的对比

2. 点云数据的去噪

三维扫描系统获取的点云数据不可避免地存在测量误差与噪声,从而导致获得的测量数据与实物存在一定的偏差,难以被直接应用。在信号处理理论中,噪声常被认为是一种随机高频信号,其频率大于某个人为设定的阈值,并可通过各种空域和频域滤波器对其进行平滑滤波,该概念亦经常出现在图像处理中,图像去噪的过程即为剔除夹杂在原始图像中的噪声的过程。对于简单的离散点及与建模物体无关的点,去噪时可采用手工交互的方法进行编辑、删除。

3. 点云数据的漏洞修复

由于站点设置、物体遮挡及扫描角度等原因,获取的点云数据可能具有漏洞,需要进行漏洞修复。另外,需要注意的是,建筑物存在玻璃物体,由于扫描仪接收不到玻璃对于激光的反射,这时在窗户区域就会出现较大的漏洞,影响后期的物体模型重建。点云数据的漏洞修复主要采用两种方法:当空洞出现在平面区域内,如窗户或者墙面上的洞,可采用线性插值的方法填补空洞数据;当空洞出现在非平面区域,如圆柱上的漏洞,可采取二次曲面插值方法修复漏洞。

4. 点云简化

一般三维激光扫描获取的数据量非常大,常常有上百万甚至更多的点,如此庞大的点会严重影响模型重建算法的效率,另外,为了使数据更适合于有限的计算机资源,如存储和网络传输,因此必须对点云进行简化。

目前,点云简化主要有两种途径:基于网格的简化和基于点的简化(Point-based Simplification)。基于网格的简化需要从点云生成网格,然后对网格进行简化,这种方法的缺点在于需要从海量点云中构造网格,比较烦琐。而常见的基于点的简化方法主要包括重采样、迭代简化、聚类简化。重采样是在原始采样点表面根据某种规则,重新计算一个新的采样点集,重采样得到的简化模型质量高,但简化速度很慢;迭代简化首先将模型表面点云配成点对,然后按照某种规则不断将点对收缩为单点,直到达到指定点数;聚类简化是将整个模型的点集划分为许多小的点集,同时将每个小点集中的点合并成一个点,聚类方法虽然简单而且速度很快,但其生成的简化模型通常质量比较低。

3.2.3 数据配准

一般而言,三维激光扫描系统需要用到的坐标系如下。

(1)扫描仪自身坐标系(Scanner's Own Coordinate System,SOCS):以扫描仪的几何中心为原点,由扫描仪的旋转轴和参考方向定义 X、Y、Z 坐标轴方向。

(2)项目坐标系(Project Coordinate System,PRCS):为某一工程项目应用定义的坐标系。

(3)全球坐标系(Global Coordinate System,GLCS):可以看作是大地坐标系的一种。

(4)相机坐标系(Camera Coordinate System,CMCS):固定在扫描仪上的数码相机定义的坐标系。

三维激光扫描系统获取数据示意图如图 3-4 所示,地理场景的扫描中会遇到各种各样的问题,如微尘的反射、遮挡等,需要设置多个测站才能得到地物的各个角度的扫描数据,如图 3-5 所示。各测站的点云数据处于扫描仪自身坐标系中,纹理数据位于相机坐标系中,经过标定的相机,每一测站的扫描坐标系和相机坐标系之间的变换参数是已知的。

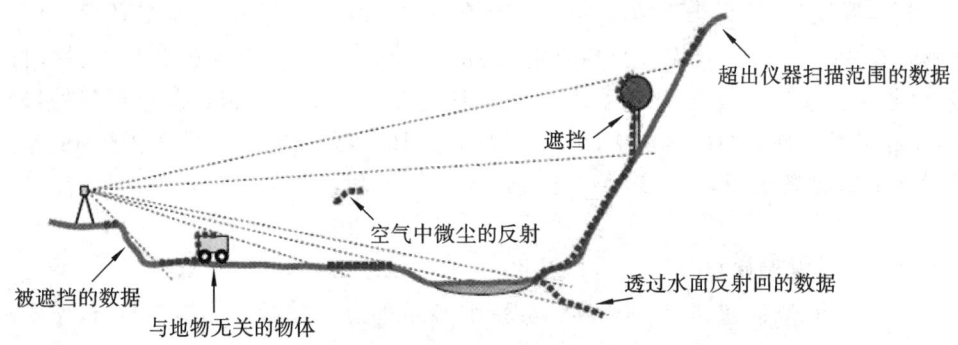

图 3-4 三维激光扫描系统获取数据示意图

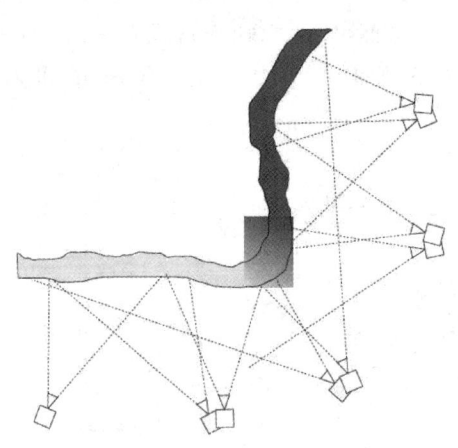

图 3-5 三维激光扫描系统多测站获取数据示意图

图 3-6 为全球坐标系、项目坐标系和扫描仪自身坐标系之间关系示意图,整个场景以鸟瞰图展示。为了对场景进行数据获取,用户定义了 N 个测站,它们的坐标系分别定义在扫描仪自身坐标系下,标记为 $Sp_i(i=1,2,\cdots,N)$。这些测站的坐标系都是单独的,为得到完整的场

景数据,需要将各测站的数据拼接至同一目标坐标系。这里,同一目标坐标系定义为项目坐标系 $X_{pr}Y_{pr}Z_{pr}$(右手坐标系)。此外,可以通过全站仪或者 GPS 把各个坐标系转入全球坐标系下(左手坐标系)。

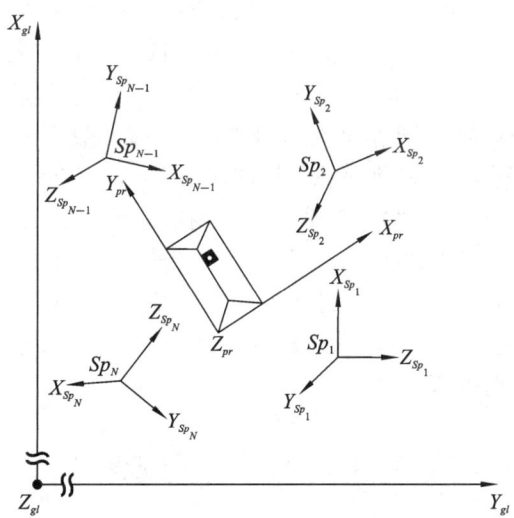

图 3-6　全球坐标系、项目坐标系和扫描仪自身坐标系之间关系示意图

从上面可以看出,同一坐标系可以是项目坐标系,也可以是全球坐标系,它们都可以满足数据建模的需要。点云配准是三维建模前的关键步骤,而坐标系的统一是数据配准的主要内容。

在扫描仪上配置 GPS 可以把坐标系统一到全球坐标系上,从而解决数据配准的问题,然而因为种种原因,现有很少有配置 GPS 的激光扫描系统;而由于全站仪的精度问题,在实际应用中也很少用到全站仪。

3.2.4　模型重建

从点云数据进行三维模型重建一般有两种方法:一种方法是三维表面模型重建,主要是构造网格(如三角形网格等)逼近物体表面;另一种方法是几何模型重建,常见于 CAD 中的轮廓模型。

点云的三维表面模型重建算法虽然研究起步较早,但由于点云重建的复杂性,在实际工程应用中多使用第二种方法进行数据模型重建。

3.2.5　纹理映射

经过前面的过程可以得到物体的三维模型,具有了良好的几何准确性。然而,在许多应用中,需要对物体进行具有色彩真实感的模型重建。三维激光扫描技术在逆向工程设计中对模型并没有纹理映射功能,只是简单地赋予一种颜色或材质。而在文物保护等领域,除需要构建出所需场景的几何模型外,更要保存其表面色彩、纹理(如花纹和文字)等珍贵的考古信息。只有将多方面的信息融合在一起,才能完整地重建出数字古文物模型。利用纹理映射可以逼真地表现物体表面细节,这在物体仿真特别是在文物保护工作中尤其重要。

　　1974 年,Catmull 首次采用纹理映射技术生成景物表面的纹理细节,此后纹理映射技术得到了广泛的研究和应用。通过三维激光扫描仪接收光束的反射强度获取物体的灰度信息可近似表达物体的颜色,然而这种表达的色彩并不是完全真实的。三维激光扫描仪自带的高分辨率数码相机可用于同步拍摄扫描区域的影像,可以根据扫描数据和影像数据通过近景摄影测量的方法生成正摄影像。生成的正摄影像包括深度信息和方向信息,这样三维实体进行纹理贴图时可精确匹配几何模型。

　　在进行具体的纹理映射时,根据纹理的表现形式,纹理一般可分为颜色纹理和几何纹理两类。颜色纹理指的是呈现在物体表面上的各种花纹、图案和文字等(如墙上的字画、路面等图案)都可以用颜色纹理进行模拟。在工程中大量使用的就是颜色纹理贴图。将点云生成的模型的高精度与真实的目标影像纹理结合起来,从而实现高精度、真纹理的数字古文物模型重建。几何纹理是指基于景物表面微观几何形状的表面纹理,如树皮、岩石、山脉等表面呈现的凹凸不平的纹理细节,经过激光扫描数据建模后,在线框模式下可通过 MicroStation 的几何映射功能模拟物体表面的纹理效果。

3.3　应用方向

　　在现有的数据采集技术中,三维激光扫描技术以其独特的优势,向人们展示了复杂曲面三维信息获取、三维重建、逆向工程、虚拟地理环境等方面广阔的应用场景。通过三维激光扫描,可快速、方便地将真实世界的立体信号转化为计算机可直接处理的数字信号,为真实世界的数字化提供了一种以往其他任何技术无法比拟的手段。近年来,三维激光扫描已经在很多领域得到广泛的应用,主要体现在以下方面。

　　(1)逆向工程应用:逆向工程(Reverse Engineering,RE)是对产品设计过程的一种描述,是根据已经存在的产品模型,反向推出产品的设计数据的过程,即从实物到数字模型。通过三维激光扫描技术得到模具或其他物体的三维图像(数字模型)数据,这些数据可以在 CAD 系统进行加工处理,这样原本复杂的设计工作就变得方便、快捷了,大大地提高了设计速度,缩短了设计周期。

　　(2)虚拟现实和孪生城市建模:在虚拟现实(Virtual Reality,VR)和孪生城市建模应用中,数据是其核心内容,三维激光扫描技术为三维空间数据采集提供了一种全新的技术手段,具有快速、实时、不接触目标、主动、自动化程度高等优良特点。

　　(3)文物保护与重建:文物遗迹在长期的保存过程中无法避免具有自然消亡的规律,同时在考古发掘过程中,遗址中一些重要的迹象因为考古的需要被有计划地去除,传统的方法是使用绘图、照相、摄像和文字记录等手段记录遗迹、遗址的几何信息和三维形态,很难做到精确,无法为后来的研究、展示等提供必要的资料。鉴于此,很多国家已经将三维激光扫描技术用于文物保护工作。1997 年,来自斯坦福和华盛顿大学的 30 人成立小组,利用三维激光扫描系统完成了著名的米开朗基罗的大卫雕像三维模型。2001 年,我国文物局用 Innovision 公司生产的三维激光数字扫描仪,用于对正在建设的三峡水利工程的三峡库区的古建筑、遗址和出土文物进行立体扫描重建,大量记录文物和考古现场。另外,在我国山海关长城的修复、虚拟奥运博物馆的建设中,三维激光扫描技术都发挥了重要的作用。

　　(4)电力的应用:在对电力线、裂缝等细长物体扫描时,为了克服激光点小的问题,Riegl 的

420i 使用激光斑点扩大技术,使激光点能够一个挨一个或一个重叠一个地排列,因而能够得到详尽的细长物体的三维激光云点图。这对数字电力的应用很重要。

(5)地形绘制与灾害分析:三维激光扫描技术可用于困难地区的地形扫描,并通过少数的测量控制点转换到国家或城市坐标系中,这种方法与常规测量比较起来速度更快、精度更高,可用于数字水利、变形监测、灾害评估等。

三维激光扫描系统在测绘领域具有广泛的应用前景,除此以外,它还广泛用于概念设计仿真、交通事故现场勘测、森林计测、虚拟设计制造、计算机模拟实战、汽车制造、医学研究与临床诊断治疗等领域。

3.3.1　应用场景

1. 数字高程模型制作

数字高程模型(DEM)及等高线利用获取的激光点云,通过去除部分噪声点并进行栅格化,可以快速生成高质量的数字表面模型(DSM)。同时,利用自动化方法并结合人工编辑,可对激光点云进行滤波操作,滤除其中的非地面点并进行栅格化,可以得到高质量的数字地形模型。

2. 地形图测绘

地形图测绘三维激光扫描技术在大比例尺地形测绘中具有广泛的应用,在测区面积较大时能够快速而精确地采集大量点云数据,有效节约人力、物力,缩短工期,提高工作效率和经济效益;在复杂地形和危险测区中,能够不直接接触危险目标,详细、快速地进行外业数据采集,既保证了人员和设备的安全,又保证了成图精度,并同时提高了工作效率。

3. 林业调查

无人机 LiDAR 点云可用于估计森林的特征,如树木平均高度、树冠密度、生物量、林分体积和植被覆盖度。采用具有较小的激光束的扫描系统和完整的波形功能,以及可能用于生成支持数据的附加传感器(如真彩色或红外图像传感器),可以确定更多的信息,如树木高度、树冠直径和物种。采用解译软件,可以根据点云实现单木分割,准确计算树木数量。此外,它还支持林业资源管理、监测和保护森林生态系统。

4. 公路和道路测量

无人机 LiDAR 提供密集的点云成果,可以非常准确地描绘高速公路及其周围环境和路面情况。

点云成果可以直接获取公路横断面的几何信息,如宽度、高程、坡度等,用于公路设计、施工、监理等。

点云成果可以利用反射强度信息和空间分布特征,提取道路的中心线、边缘线、隔离带等特征线,用于道路改扩建、交通规划、智能驾驶等。

点云成果可以计算路面的横向凹凸偏差值,评估道路的平整度,用于道路养护、安全监测、质量评价等。

5. 电力巡查

电力巡查时电力线走廊通常位于不易进入的区域,因此走廊可能难以勘测。无人机 LiDAR 系统即使在最崎岖的地形上也可以快速、经济地进入和测量,并且不会使人处于危险之中。它提供沿电力线走廊的电线、结构、植被和地面的准确位置信息,通过对电网通道进行快速三维实景建模,获取可视化精准数据,可有效降低运营及维护成本。无人机 LiDAR 精细化、自动化巡检能高效提供标准化数据,及时发现故障隐患。

6. 矿山测量

由于矿山地形复杂,采用全站仪和 GNSS 等传统的测量手段进行高精度测绘工作往往费时、费力。随着数字矿山概念的提出,矿山管理对空间三维信息的需求也显得更加迫切,三维可视化的管理模式已经成为数字矿山的主要内容之一,而目前常规的测量方式所获取的数据很难满足三维数字矿山的需要。近年来快速发展的三维激光扫描技术为解决复杂的矿山地形测量和数字矿山建设提供了新的技术手段。三维激光扫描技术具有高分辨率、高采样率及非接触测量的优势,非常适合用于获取矿山的复杂表面和高危区域的空间三维信息。

7. 方量计算

机载激光雷达系统获取的高精度激光点云和地形三维模型,可以为工程勘察设计提供断面测量、坡度坡向测量、土方填方量与挖方量等信息,能大大减少工程勘察设计中的外业工作量,缩短工作周期。

8. 地质灾害应急与评估

地质灾害应急与评估 LiDAR 适用于测量多种物体,同样也适用于检测自然或人为变化,通过将不同时间点扫描的点云进行比较以发现它们之间的显著差异。机载激光扫描能够收集遭受自然灾害或其他灾害区域的 3D 数据,从而为事故发生后不久的损伤分析提供依据,是目前最快且可能是唯一的地质灾害测量方法。

9. 道路三维建模

三维城市模型有许多应用,如城市规划、建筑、市政资产管理、安全和防御、紧急疏散计划、事故和灾难风险评估、定位服务、信息服务、虚拟现实、商业视觉效果和广告、电信、可视化、飞越动画等。城市道路作为连接城市不同功能区的空间纽带及城市空间信息流的主要载体,其三维模型是数字城市不可或缺的重要组成部分。道路三维模型一般由路面模型及其附属构造物组成,而三维激光扫描技术能快速获取详细道路面高精度点云数据,并以此为依据构建出更精细的道路模型。

3.3.2 三维 DLG 制作

点云数据的信息量丰富、空间位置准确,可以作为矢测量图可靠的底图数据。在点云测图软件系统中,以高程、强度及纹理色彩等辅助信息判读地物轮廓,可以准确、高效地绘制地物。在加载点云数据后,通过在建筑物立面上采集的两个特征点进行投影交汇,可直接获取建筑物结构线。将其应用于航测法成图的工艺流程中,可减少房檐外业调绘和内业改正的工序,实现高效、高精度的矢量采集。

同时,由于点云数据包含三维信息,在进行采集时,可以直接生成三维 DLG,除包含传统二维 DLG 功能之外,点云数据还涵盖三维实体模型的骨架内容,能通过简单的拓扑重构与视图转换生成 3D 模型,较传统 3D 模型具有更小的存储空间与复杂度,有利于测绘生产由传统二维产品向三维测绘地理信息产品的升级。

1. 采集内容

点云测图采集的内容主要包括等高线采集、高程点采集、房屋地及附属设施采集、交通及附属设施采集、水系及附属设施采集。

2. 各类要素采集要求

点云测图与传统航测方法不尽相同,各类要素采集要求如下。

1)等高线采集

由于点云数据具有大量三维空间坐标,等高线采集能够充分发挥点云数据的优势。等高线采集可根据点云及地形特点,采用特征线构三角网、地面点构三角网及直接采集等高线方法进行采集。

(1)特征线构三角网。

对于地形比较规整的地方,可以先采集部分特征线,然后通过"检查和处理"菜单下的"生成三角网—生成等高线"功能生成等高线,后期再进行人工编辑。

(2)地面点构三角网。

对于地形不太规整的地方,可以借助点云处理软件,通过"提取地面点—提取地形特征点—构建 TIN 三角网—生成等高线"等步骤生成等高线。

由于自动生成的等高线比较生硬,可在 ArcGIS 软件中进行平滑处理后,再导入点云测图软件进行人工编辑。

(3)直接采集等高线。

对于地形破碎严重的区域,如废弃矿山等地区,可根据点云直接采集等高线。采集时需注意高程与实际地形保持贴合,确保等高线的高程值正确。

2)高程点采集

从理论上来说,由于点云具有三维信息,经过坐标转换后,任何一个点都可以作为高程点,只需要按照高程点采集位置及密度要求进行采集即可。需要注意的是,尽管在采集时经过了点云滤波处理,但不可能完全滤除非地面点,对于植被遮盖密集区域,很可能误采集到非地面点,因此应确保采集的点位贴合在地面上。

3)房屋地及附属设施采集

(1)房屋采集。

房屋是地形地籍测量中的重点要素。特别在地籍测量中,对房屋角点和边长均有较高的要求。在采集时,通常采用二、三维视图结合的方式:采用二维切片方式,按照不同高度显示地物点云,有助于提取房屋角点和边长等平面特征,同时,针对房屋墙体点云扫描不完整的情况,可进行快速定位并绘图,对于不易捕捉的房屋角点,可以采用相邻房边线交汇方式进行定位,以提高作业效率;采用三维方式,对采集的房屋角点及边长进行套合比对,核实房角位置的正确性。

需要注意的是,对于确实无法判断房屋角点或边长的,应在不确定的区域做好标记,以便外业核实。

(2)房屋附属设施采集。

房屋附属设施包括阳台、围墙、栅栏、门墩等。采集阳台时可以先采集"房屋"确定边界框架,再将阳台从房屋主体分割;也可以先采集房屋边线,再采集阳台边线。使用第一种方法时,使用"按边切割面"工具,根据实际情况决定是否打开"直角采集"工具,分割房屋面,再将分割出的面匹配到"阳台"层。使用第二种方法时,首先要打开"捕捉"功能,然后使用"按边采集"工具,先采集与房屋边线重合的阳台边线,然后继续采集其他阳台边线,当采集到最后一条阳台边线时,可以把"直角采集"工具打开,捕捉房角,这样采集的阳台边线与房屋边线不会出现拓扑问题,此方法也适用于主房旁边的附属房测绘。

由于点云具有三维特征,所以在采集房屋附属设施时,可以更方便地确认阳台等附属设施的起始楼层,减轻外业调绘工作强度。

4)交通及附属设施采集

(1)道路边线采集。

在日常生活中,交通道路的路边会有大量树木遮挡道路边线,所以采集道路边线时,要对点云数据进行高程滤波,把高于地面的地物滤掉,可以在正摄模式或立体模式下使用"线串"工具采集道路边线。

(2)交通附属设施采集。

在交通附属设施中,对于窨井盖和污水篦子,由于要素贴近地面,容易丢失或漏掉,应注意总结测区特点,寻找要素分布规律进行绘制。

对于路灯、电杆、信号杆等杆状地物,应在立体模式下采集。在植被茂盛的地方,可以将"点大小"调小,这样可以透过植被看到杆状地物,难以判断的还可以打开"2.5维视图",在"2.5维视图"中双击杆状地物中心,鼠标在测图窗口会自动定位到杆状地物的大概位置,然后再切换到切片模式下,并切到合适高度,当杆状地物显示为一个半圆时,鼠标单击圆心,就是杆状地物的中心位置。

5)水系及附属设施采集

根据作业要求绘制河流、湖泊、坑塘等水系及附属设施时,由于激光照射在水域上无法反射,水域会形成空洞,这样有助于识别水域范围。

3. 面向测图的分层点云处理

点云分层会影响数据采集的精度与效率。在点云测图时应灵活使用点云的显示方式,选择与分层处最近的某条或某几条点云进行测图。主要方法如下。

(1)如果点云分层不超过限差,则采集分层点云的中线。

(2)如果点云分层超过限差,则首先采用过滤 Q 值的方法。对于 Q 值不等于 1 的轨迹的点云不显示。当 Q 值过滤后,分层依然存在,利用外业采集检查点对比,并寻找规律,能够判断出哪些航带的数据可以采用。

(3)如果外业检查点寻找不出规律,点云分层在同一架次也存在,则利用点云的开关,选择与分层处最近的某条或某几条点云进行测图。

3.4 三维激光扫描应用于建筑实体建模案例

3.4.1 外业数据采集

1.三维激光扫描

三维激光扫描外业获取点云数据的流程包括现场踏勘与定点、扫描两个步骤。

1)现场踏勘与定点

获取完整的三维数据,必须进行多测站、多角度的三维激光扫描。在前期准备过程中,首先应根据扫描的具体需求和具体地形条件,确定扫描总站数、各站扫描仪安放位置及布置标签位置等。然后到实地勘测,查看所计划的路线和位置是否合适,并进行相应改正,最终形成扫描计划。

　　扫描站点的布设原则是用尽可能少的测站获得尽可能全面的建筑物表面特征信息,在此基础上,还要考虑减少外界环境对采样过程的影响,如表面遮挡等。

　　标签的作用类似于大地测量中的控制点,标签布置的合理性将直接决定点云数据配准的精度。在具体布置过程中,需要满足如下要求。

　　(1)任意两个相邻测站间所有的标签不要位于同一方向上。

　　(2)相邻测站间可以同时观测的标签不少于 3 个,最佳个数为 4、5 个。

　　2)扫描

　　根据扫描方案,依次完成各站扫描。

　　利用高分辨率数码相机获取纹理影像信息,可采用以下两种方法。

　　(1)数码相机安装在扫描仪上,且已经和扫描仪标定好,在精扫获得点云数据后可以直接打开相机进行拍摄,后期可以直接根据标定信息进行点云着色或者生成正摄影像。

　　(2)直接用数码相机在任意位置对数据进行采集,这种方法在后期需要手工进行影像和点云数据的配准。照片可作为该区域建模后的纹理贴图使用,也可为多站拼接提供参考。

　　为了得到实践中可用的三维模型,需按 3.2.2 节中的步骤对点云数据进行数据处理。

　　(1)对点云数据进行着色,更好地还原真实的数据信息。

　　(2)对点云数据进行去噪,在保留模型固有的几何特征的同时,有效剔除各种形式的噪声。

　　(3)对有信息丢失的点云数据进行漏洞修复。

　　(4)根据共同标签数据完成数据配准与拼接,本项目采取的方法是手工提取特征点作为同名点的方式。

　　(5)通过重采样的方法对点云数据进行简化。

2. 纹理数据采集与处理

纹理数据采集是为了获取地表和地物表面影像信息,主要包括如下信息。

　　(1)山体、水系和植被等地形地貌。

　　(2)各类建筑的外立面及屋顶的影像信息,以及建筑的完整结构。

　　(3)建筑物的细节纹理,如门、窗、水箱、围墙、台阶、门房、牌坊等。

　　(4)交通设施表面影像信息,如路面纹理、桥梁、路牙等。

　　(5)其他地物表面影像信息,如市政设施、标志性雕塑等。

　　在采集纹理数据时,应按照不同模型类型和细节层次以满足建模要求的方式进行采集。本项目中需使用的纹理数据均通过实地摄影方式获取。

　　实地摄影采集纹理数据应遵循下列要求。

　　(1)选择光线较为柔和、均匀的天气,并按照正视角度进行拍摄。

　　(2)拍摄地物所有方向的表面影像。有重复单元的表面,应拍摄局部表面;无重复单元的表面,应拍摄完整表面。对于结构复杂或无法正视拍摄的表面,应进行多角度拍摄,并利用图像处理软件进行拼接处理。

　　(3)根据不同细节层次的模型确定拍照需要表现的细节。

　　(4)拍摄有代表性的表面影像,制作可重复利用的标准纹理数据。

　　数据采集方法为:以地图上能显示出的马路及每两条马路之间的地块为一组,每组数据采集完成后可以做一些特殊标记,例如,照两张单色(如黑色)照片作为分隔符,以便拍摄完后的整理。

具体的拍摄方法如下。

(1)在收集素材时先沿路的一侧拍照,当这一侧建筑全部拍照完成后,再折回拍建筑的另一侧,在拍摄时,将邻近的相机视野范围内的几栋建筑归为一个小单元,一般为 1~3 个建筑(视具体情况而定),使用此法采集数据时,请注意选择好参照物,如果操作不当,则会给拍摄完成后整理素材的阶段造成麻烦。

(2)一般每个小单元的拍摄采用先照整体后取局部的原则。先整体拍一张照片,用于表现此单元与其他单元的位置关系,然后分别采集本单元的正、背、左、右面的正立面照片,相机与要采集的立面的夹角应大于 60°,尽量接近于 90°(即垂直状态),如图 3-7 所示。

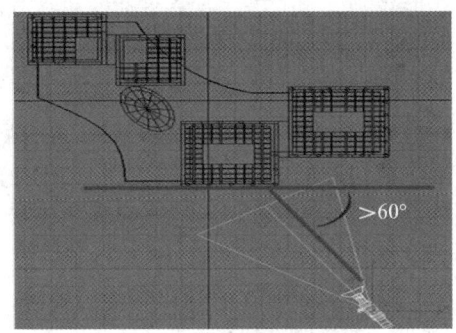

图 3-7　拍摄角度示意图

(3)如果左、右面(或前、后面)一样时,则拍摄一面即可,但要在记录中注明。

(4)当某一侧面过长,要采用分段连拍的方式取其正立面。如图 3-8 所示,此建筑的朝阳面很长,如果只拍一张照片,则在制作时很难处理贴图。这时应先取其中一段拍摄,然后再逐一分段拍摄,如图 3-9 所示。

图 3-8　长建筑物示例

(5)取景时尽量让建筑主体充满整个画面,不能超出整个画面,也不能太小,如图 3-10 所示。

图 3-9　建筑物分段拍摄

图 3-10　建筑物的取景

　　(6)对于小品的拍摄,取景时注意所拍摄植物的光线角度与造型,要避免杂乱的背景,以便后期处理,如图 3-11 所示。

　　(7)遇到拍摄的照片不理想或根本不能使用时,请于再次拍摄前删除相机里先前的照片,避免后期照片太多造成混乱。在条件允许的情况下,最好能拍摄到鸟瞰图,鸟瞰图能够真实展现场景的规模与整体性,如图 3-12 所示。

　　将以上所有采集的数据进行分类整理、归档,以方便构建三维模型。

　　为获得符合三维建模的贴图,本项目使用 Photoshop 对纹理数据进行处理,主要包括变形纠正、障碍物剔除、匀光处理、纹理裁切等方面。

　　(1)变形纠正:因拍摄视角的限制,采集的纹理存在一定程度的几何变形,需对纹理进行变形纠正,方可用于模型制作。

图 3-11　小品的取景

图 3-12　鸟瞰图

　　(2)障碍物剔除:受拍摄角度、镜头焦距等因素影响,拍摄纹理时往往无法规避拍摄目标前的一些障碍物。模型制作时需要将障碍物从纹理中剔除。

　　(3)匀光处理:匀光处理是利用 Photoshop 中相应的功能调整原始纹理的色彩平衡、亮度/对比度、色相/饱和度等参数,使其在视觉效果上更加自然、真实。

　　(4)纹理裁切:通过裁切,将纹理处理为正方形,且使其长、宽成为 2 的 n 次方,分辨率最大不超过 1024×1024 像素。在保证纹理清晰程度的前提下,尽可能减小纹理文件的大小。同时,在对纹理数据进行处理时,应充分利用 Photoshop 提供的各类自动化处理功能,减少人工处理的工作量。

3.4.2　古建筑建模

对于大范围的古建筑群而言,很多古建筑群依山而建,这种复杂的古建筑与地形结构,无论是通过全站仪还是 GPS 的传统测绘方法都很难进行数据的有效采集,为此,可采用三维激光扫描技术与传统建模相结合的方法进行三维构建。

首先采用三维激光扫描仪的中长距离激光扫描系统对古建筑群区域进行点云数据的快速获取,如图 3-13 所示。对于结构复杂的古建筑,三维激光扫描技术能在不损伤建筑物的条件下,快速采集建筑物外部表面的精确数据,其数据获取效率快,数据精度高。同时,可以利用三维激光扫描仪附带的功能软件将扫描对象的真实 3D 场景展现出来,使建模人员能够更好地判读古建筑的结构及形态,给后期模型制作带来便利。

图 3-13　三维激光扫描仪获取数据

其次以手工提取特征点作为同名点的方式进行整体场景的数据拼接。在此基础上,在制作范围内的建筑模型时,以点云数据为基础,结合地形图和航摄影像数据辅助确定模型的位置、形态和体量,提取古建筑的结构信息以进行三维几何模型的构建。

范围内的建筑模型的基底轮廓线以点云数据为参考确定,因点云数据进行了坐标匹配,确定的基底轮廓线即为模型的真实位置。范围内的建筑高度以点云数据为基础进行确定。得到的建筑轮廓图如图 3-14 所示。

纹理映射则采取贴图的方式进行,在对采集的纹理进行数据处理后,沿 UV 方向映射至每一结构面上,效果图如图 3-15 所示。

这种技术方案规避了点云后期处理的烦琐性,将三维激光扫描技术真正地与传统建模方式结合在一起,可进行古建筑等物体的快速、高精度三维重构。

图 3-14　建筑轮廓图

图 3-15　效果图(1)

3.4.3　微实体建模

　　造像等角色模型不同于建筑、绿化等其他模型,普通的 3ds Max 建模方式并不能如实对现实地物进行真实表现,需采取专门的方式进行构建。Maya 等三维软件可根据采集的照片相对真实地构建出角色的形态,但这种"真实"只停留在视觉层面上,并不能对角色的尺寸进行如实反映。

　　在本项目中,针对古建筑内部的造像等微实体,研究了基于三维激光扫描技术的三维构建方法。造像等微实体建模技术方案如图 3-16 所示。

　　虽然同是基于三维激光扫描技术,但造像等微实体的建模方法在数据拼接、构建几何模型、纹理映射等方面都与古建筑群建模有所不同。

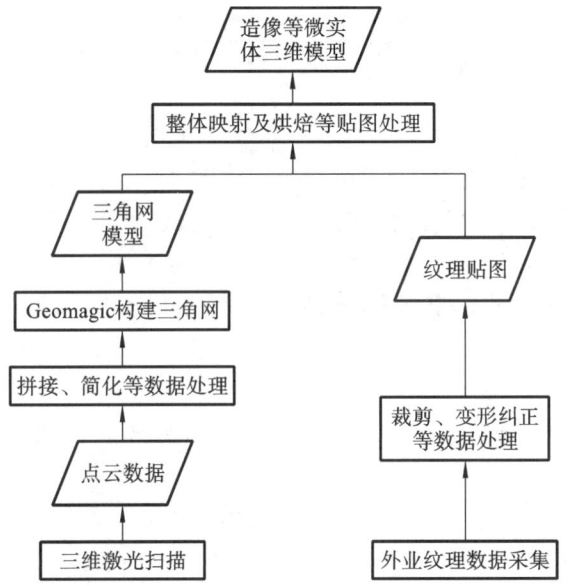

图 3-16　造像等微实体建模技术方案

　　首先,在采集造像等微实体的三维场景时,布置了球形反射体作为标靶;其次,通过提取标靶的中心点作为同名点的方式进行数据的自动拼接,这种方法不但可以提高拼接效率,还可以提高模型的拼接精度;再次,不同于提取结构的方式,造像等微实体直接通过逆向工程的方法由点云生成不规则三角网模型,这种方法虽然数据处理比较烦琐,且对规则建筑建模效果并不明显,但对造像等物体的建模能达到很好的精细度效果;最后,通过图像与 TIN 整体配准的方式进行纹理映射,并进行烘焙等贴图处理,以获得较好的模型展示效果,生成较为真实的三维造像等微实体模型,效果图如图 3-17 所示。这种精细三维还原方法构建的造像等微实体模型,不仅具有动画领域中角色模型的形象性,更在测绘尺度上反映了物体的真实尺寸等信息,可作为数字化保存成果。

三角网模型　　　　　　经纹理映射等处理后的模型

图 3-17　效果图(2)

本章参考文献

[1] 谭金石,高照忠,武同元.三维激光扫描技术[M].武汉:武汉大学出版社,2024.

[2] 谢宏全,侯坤.地面三维激光扫描技术与工程应用[M].武汉:武汉大学出版社,2013.

[3] Remondino F, El-Hakim S. 3D Laser Scanning:Principles and Applications[M]. Berlin:Springer,2006.

[4] 张凯.三维激光扫描数据的空间配准研究[D].南京师范大学,2008.

[5] 钱郭锋,范明华,吕志慧,等.基于三维激光扫描技术的金山寺三维重建[J].现代测绘, 2012,35(4):15-18.

[6] 徐文学,田梓文,周志敏,等.船载三维激光扫描系统安置参数标定方法[J].测绘学报, 2018,47(2):208-214.

[7] 雷秋佳,刘婧,曹新运.利用机载 LiDAR 数据的开放 DEM 产品精度评估[J].武汉大学学 报(信息科学版),2025,50(1):1-10.

[8] 张岱伟,葛旭明,胡翰,等.高速公路点线特征集成的车载移动测量系统跨模态传感器自 检校方法[J].测绘学报,2025,54(4):760-772.

[9] 杨安秀.机载 LiDAR 测深点云滤波与分类方法研究[J].测绘学报,2023,52(7): 1234-1243.

[10] J F Gao, X L Zhao, F N Zhou. Ocean-Land Interface Determination from Mixed Waveform of Airborne Oceanic LiDAR[J].《IEEE Journal of Selected Topics in Applied Earth Observations and Remote Sensing》,2024,17:16890-16901.

第4章　车船机移动测量技术

4.1　概　　述

移动测量技术是当今测绘界最前沿的技术之一,诞生于 20 世纪 90 年代初,它是一种将三维激光扫描设备(LS)、卫星定位模块(GNSS)、惯性导航装置(IMU)、里程计、360°全景相机等多种传感器同步集成于一体的系统,集成了全球卫星定位、惯性导航、图像处理、摄影测量、地理信息及集成控制等技术,在通过传感器采集空间信息和实景影像的过程中,由卫星及惯性导航装置确定传感器的位置、姿态等参数,能在高速行驶或航行状态下快速获取地物的表面点云和影像数据,广泛应用于地形图更新、GIS 建库、城市勘测规划、交通、环保、矿山测量、公安、城市管理、航道、水文、海岛礁测绘等领域,具有机动灵活、短周期、高精度、高分辨率、实时等特点。

4.1.1　移动测量技术发展过程

移动测量技术的发展分为三个阶段,即基于 GPS 的轨迹测量阶段、基于 CCD 相对的摄影测量阶段和基于激光扫描的激光测量阶段。移动测量技术发展过程图如图 4-1 所示。

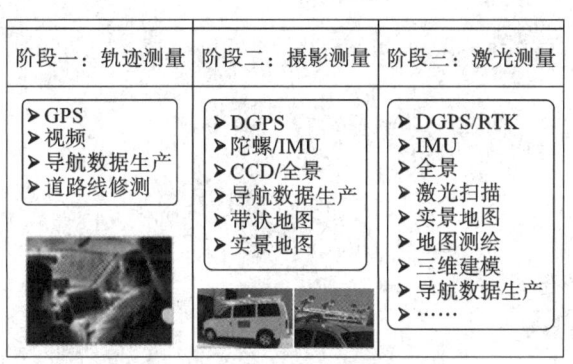

图 4-1　移动测量技术发展过程图

基于 GPS 的轨迹测量技术的移动测量系统只是在车辆上安装 GPS,最多加上视频设备,比较简单,主要用于导航数据生产和道路的修测工作,典型的代表是 Navtq(第一大导航数据生产商)的导航数据采集系统。

基于 CCD 相对的摄影测量技术的移动测量系统能够完成导航数据、带状地图和实景地图的生产,典型的代表是 Tele Atlas 公司的 MMS 系统和国内立得空间的移动测量系统。

基于激光扫描的移动测量系统是目前最先进的技术,它在设备上安装了定位定姿系统(POS)、全景和激光扫描仪设备,能够完成街景制作、地图测绘和三维建模,典型的代表是中海达公司的 iScan 移动三维测量系统、Google 公司的街景系统。

4.1.2　移动测量技术应用现状

移动测量是当今测绘界最为前沿的技术之一，代表着未来三维地理空间信息采集与技术更新的发展主流。目前，国内外已推出很多移动测量系统。国外有加拿大 Optech 公司的 LYNX、奥地利 Riegl 公司的全新一代 VMX-250、日本 Topcon 公司的 IP-S2、美国 Trimble 公司的 Land Marker、德国 IGI 公司的 Street Mapper、美国 Google 公司的街景系统等；国内武汉大学、首都师范大学、山东科技大学、中国测绘科学研究院、中国科学院深圳先进技术研究院、立得公司等也相继积极地推出了车载移动测量系统。由于当中的很多系统需要改装载体，因此，这些设备具有存储不便、检校麻烦、维护困难和运输不方便等问题。更致命的是这些设备缺乏一整套数据处理和应用软件。

针对目前市面产品的不足，中海达公司提出并研制了一种高度集成的一体化移动三维测量系统——iScan 一体化移动三维测量系统（以下简称 iScan 系统），如图 4-2 所示。它将多个测量传感器封装到一个统一的平台上，具有坚固、稳定、体积小、重量轻的优点，方便用户使用、维护、保管和携带。同时，系统配备齐全的数据处理、海量数据管理和应用服务软件，可以为用户提供快速、灵活的一体化移动三维测量完整解决方案。同时，移动测量的多传感器系统可加载到陆地交通工具、水上交通工具等多种载体上，形成不同的移动测量系统，满足不同的测量需求。例如，移动测量系统通过在车载平台上安装 GPS、INS、CCD 等传感器，这些传感器协同运行，能够沿道路采集周围地物的可测量实景影像数据。另外，该系统结合多波束回声测深仪，借助船载平台可实现水上水下一体化移动测量。

图 4-2　中海达 iScan 一体化移动三维测量系统

4.2　基 础 知 识

移动测量系统将激光扫描模块、惯导模块、卫星定位模块、里程计和全景相机等传感器与高性能计算机高度集成、封装在一起，可在高速移动的车辆或船舶上配合相应的系统软件，快速获取高质量的三维点云和影像数据,并轻松完成三维地理数据制作、实景数据制作和矢量地图数据建库。该系统可广泛应用于三维数字城市、街景数据生产、城管部件普查、交通基础设施测量、矿山三维测量、航道堤岸测量等领域。

利用移动测量系统快速采集外业数据,一方面,能极大地缩短工期,降低作业成本,提高数据采集和更新的效率,实现外业采集的一体化;另一方面,将获取的各传感器数据进行联合解算,得到点云和影像数据,利用点云数据制作线划图和三维模型,同时能实现可测量实景影像,极大地降低了三维建模和纹理提取的工作量,使成果管理更加丰富、直观,具有多样性。

4.2.1 原 理

移动测量系统综合了 GPS、高精度定位定姿系统、移动近景摄影测量系统等前沿技术,通过在移动载体上安装 GPS 接收机、CCD 相机和视频系统、惯性导航系统等,可在移动载体高速行驶过程中,采集线路及线路两侧地物数据、空间位置和可测量实景影像,实时或事后处理这些数据。并且,定向后的影像通过立体摄影测量处理可以解译特征数据及其位置信息。通过这种方法可以直接获取转送到 GIS 数据库中的空间特征和相关属性。

在外业数据采集工作中,通过一个同步器装置同时给工控机及 CCD 相机发送指令,记录采集地理空间数据、实时惯导系统姿态及 GPS 时间。通过专业的移动测量数据处理软件将外业采集的影像数据、视频数据、点云数据进行纠正、调色、融合等,可得到 4 个 CCD 相机所拍摄的近景影像,以及它的坐标、移动载体的位置、姿态等参数。

移动测量系统内业处理涉及 4 个坐标系之间的转换,一是扫描点在激光扫描参考坐标系中的坐标;二是激光扫描参考坐标系到惯性平台参考坐标系;三是惯性平台参考坐标系到当地水平参考坐标系;四是当地水平参考坐标系到 WGS-84 坐标系。

4.2.2 系统构成

移动测量系统包括 GPS/INS 定位定姿系统、全景影像系统、三维激光扫描系统等。

1. GPS/INS 定位定姿系统

随着科学技术的进步,传统的测绘科学正发展成为以 3S 为代表的空间信息科学,如何通过 GPS、INS 等传感器直接计算摄影平台的位置、姿态等空间信息,是当前的研究热点,移动测量系统正是基于定位定姿系统建成的。

利用 GPS 卫星载波信号测定运动载体姿态(建成 GPS 定姿)的方法,在测量、导航、测速、测时等方面已得到广泛的应用,其应用领域仍在不断扩大,已发展成为多领域(如陆地、海洋、航空航天等)、多模式(如全球定位系统、差分全球定位系统等)、多用途(如在途导航、精密定位、精确定时、卫星定轨、资源调查、海洋开发、交通管制等)、多机型(如测地型、定时型、全站型、手持型、车载式、星载式、船载式、弹载式等)的高新技术的国际性产业。

一般地,INS 包含了 3 个单轴的加速度计和 3 个单轴的陀螺。加速度计用于检测物体在载体坐标系中独立三轴的加速度信号;陀螺用于检测载体相对于导航坐标系的角速度信号,测量物体在三维空间中的角速度和加速度,并以此解算出物体的姿态,在导航中具有很重要的应用价值。

GPS 具有全球、全天候、高精度定位的优势,但其动态性能和抗干扰能力较差。INS 具有自主导航能力,不需要任何外界电磁信号就可以独立给出载体的姿态、速度和位置信息,抗干扰能力较强,但存在误差随时间迅速累积的缺陷。而 GPS 与 INS 的组合系统充分利用了两者互补的特点,在接收不到卫星信号时,惯导系统可以独立进行导航定位。当 GPS 的信号条件得到改善后,惯导系统又可以向 GPS 提供相关的初始位置、速度等信息,以便迅速地重新获取 GPS 码和载波相位观测值。此外,利用 GPS 提供的数据作为外部信息频繁地校正惯导系统,可以有效地减弱惯导系统的积累性误差。

与任何单一传感器的定位定姿技术相比,GPS 与 INS 组合的定位定姿方式具有明显的优势,如下。

(1)测量精度更高。在多传感器组合模式中,不同传感器采集的原始数据一般通过融合滤波技术进行处理,从统计结果来看,其滤波精度高于任何一个单一的传感器测量精度。

(2)系统可靠性更高。组合定位定姿比单一传感器模式在硬件设备数量上有所增加,从可靠性角度看,具有典型的冗余设计特点,当其中一个传感器失效时,另一个传感器仍可继续工作,完成同样的任务,从而提高了整个系统的可靠性。

(3)可信度更高。在 GPS 和 INS 的组合定位定姿系统中,不同传感器在载体上的安装完成后,其空间关系是固定的,利用这种关系可以在一定程度上对系统定位结果的准确性进行验证,及时发现系统异常,使定位定姿结果具有更高的可信度。

在 GPS/INS 组合方式中,原始 GPS 测量信息(包括伪距、多普勒信息和载波相位信息)首先通过 GPS 卡尔曼滤波器进行位置和速度解算,然后再将解算的位置和速度信息传递到 INS 卡尔曼滤波器中。需要注意的是,GPS 卡尔曼滤波器估计的协方差阵也要一起传递到 INS 卡尔曼滤波器中,这一信息作为观测噪声信息被利用。卡尔曼滤波器能直接对 GPS 的观测值、INS 误差进行处理,发挥各自的优势,减少失锁时 INS 的推算误差,减少 GPS 的失锁时间,提高失锁后重新固定的精度。图 4-3 为基于位置、速度信息的 GPS/INS 组合原理流程图。

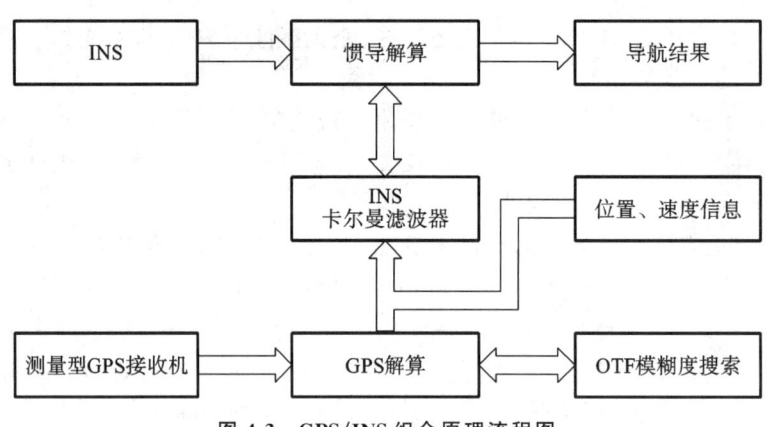

图 4-3　GPS/INS 组合原理流程图

在移动测量系统中,利用可测量实景影像、GPS 和 INS 进行定位定姿具有各自不同的优势和特点,将不同传感器数据通过一定的算法融合形成最优解是提高系统可靠性和定位定姿精度的关键和必然选择。无论基于何种传感器,卡尔曼滤波算法都是一种恰当的选择。但卡尔曼滤波算法在应用时需要首先给定合理的观测噪声、状态模型及状态模型噪声矩阵,噪声给定量的不准确性会导致滤波解次优甚至滤波分散。

移动测量系统是在载体快速行驶的同时开展测量作业的,在载体行驶过程中,不可避免地会受到路况(针对车载)、水流(针对船载)、气流(针对机载)等外界异常条件的干扰和影响,导致载体状态模型难以真实反映载体的运动规律。为了克服卡尔曼滤波状态模型不准确或状态变化异常带来的误差影响,杨元喜提出一种自适应卡尔曼滤波方法,它采用一个具有自动变化特性的因子调节预报值与观测值在状态估计中的相对权值,以克服状态扰动异常和模型不准确带来的误差。由于自适应因子可以在连续的状态估计过程中自适应地调整、更新先验信息,因此,在载体机动性较强或观测量出现异常时,自适应滤波的结果均优于普通的卡尔曼滤波结果。

2. 全景影像系统

全景影像系统是一种能为用户提供超过人的双眼正常有效视角或双眼余光视角,乃至360°超大视角浏览的实景图像系统。它基于图像绘制技术实现,具有获取数据简单、真实感强等优点。在全景图像获取过程中,多采用地面获取全景图像的方法,通过加装 GPS、三维激光扫描仪等设备获取全景影像的空间地理信息。

在全景图像显示过程中,国内外已推出了许多浏览显示系统。国外有谷歌公司的 Google Street、微软公司的 Virtual Earth 等,国内有立德公司的城市实景系统、上海杰图公司的造景师系统等。这些系统让用户身临其境地处于虚拟环境中,在观看逼真的实景影像的同时,能够完成漫游交互功能,为人们浏览虚拟环境提供了一种全新的方式。

地面全景图像获取系统的核心设备是相机,相机利用鱼眼镜头焦距短、成像视角大的特点,可以直接获取宽视野全景图像,其优点是获取速度快、拍摄时对周围的环境条件要求少、图像拼接融合快等;缺点是图像畸变明显、无法获取 360°全景图像等,需要后续配套处理软件。另外,由于其无法获取拍摄相机的位置和姿态,全景图像无法与虚拟地理环境有效融合,需要配套定位定姿模块。

为了提高全景影像室外采集效率,可把全景相机挂载到汽车或者船舶上,设计相应的支架固定相机。为了实现全景相机的程控定向和调平,以及全景图像自动导出和存储,需要设计软件处理系统,这也是运用河景一体化移动测量系统的原理。

3. 三维激光扫描系统

自然界空间对象的纷繁复杂,传统的地学三维数据采样率较低,难以准确地表达地学对象的真实状况,使得三维数据的实时获取在空间信息科学领域显得尤为重要。而移动测量系统正是基于三维激光点云数据实现地物测量功能的,下面对三维激光数据的获取原理进行介绍。

近年来,随着三维激光扫描技术的发展,各种激光扫描设备也被用于获取城市场景三维数据,通过激光扫描能够直接获取物体表面高精度的三维外形信息。移动激光扫描是近年来迅速发展起来的一种新型空间立体数据获取手段和工具,这是一种非接触式的激光测量方式。将激光扫描仪装载在汽车上,它能够跟随车辆前进,快速捕捉道路两旁目标物体表面的三维点云数据,包括位置、颜色、反射强度等信息,随带的高清摄像机能够同时获得点云数据对应场景的纹理图像。

三维激光数据是通过三维激光扫描系统获取的,该系统是由三维激光扫描仪、激光测绘系统软件、行/回程传感器等组成的自动测量系统。它是目前国际上最先进的获取地面空间多目标三维数据的长距离影像扫描测量技术。其原理是通过三维激光扫描仪获取目标二维断面数据(即扫描仪中心至目标点的距离及偏转角),行程传感器实时获取激光扫描仪搭载平台的运行速度,回程传感器实时获取激光扫描仪搭载平台的旋转角度,笔记本电脑通过无线通信控制单元的运行,控制单元直接与设备相连并控制所有传感器的运行及相互通信,将所有测量数据存储在控制单元中。

三维激光扫描系统以激光为载波,通过解调回波信号所携带的目标调制信息获取目标的特征参数,如距离、高度、目标表面反射率等,并通过处理激光扫描图像获得目标的轮廓特征等信息。它能穿透不太浓密的植被,描述不同层面的几何信息,快速获得物体表面每个采样点的三维空间坐标。该技术已成为计算机视觉和计算机图形图像处理领域研究的热点,在航空航天、地形地貌勘测、数据城市、工业测量、三维可视化、文物保护等方面有着广阔的应用前景。

激光扫描仪常规定义的测距方式分为直接探测激光测距和相干探测激光测距。本书介绍的船载移动测量系统所用到的激光扫描仪采用了直接探测激光测距的方法,可以实时获取三维河道轮廓信息,具有高重频、使用寿命长、可靠性好、精度高、信息量大等优点。

4.3　主要工作流程

外业数据采集主要根据规划的行车线路进行原始数据获取,具体包括原始点云、全景影像、绝对坐标和姿态数据等。外业数据采集流程图如图 4-4 所示。

外业数据采集具体分为 6 个阶段,分别为前期准备、设备安装、数据预采集、数据采集、设备卸载及数据整理。

(1)前期准备:前期准备阶段需要做的工作包括线路勘查、线路规划及设备检查。

(2)设备安装:主要指基站架设、iScan 安装、全景相机安装及车轮编码器安装等。

(3)数据预采集:在正式数据采集前,先进行测试。通过数据预采集,确保所有设备能够正常工作,采集的点云数据正常,相机曝光参数正确。

(4)数据采集:根据预先规划好的采集线路及采集顺序进行数据采集。

(5)设备卸载:主要指基站拆除、全景相机拆除、车轮编码器拆除及 iScan 拆除等。

(6)数据整理:数据复制与转移,为数据处理做准备。

内业处理流程图如图 4-5 所示。

内业处理具体包括如下步骤。

(1)数据联合解算:将获取的原始数据进行联合解算处理。

(2)点云融合:将点云数据进行融合,输出带坐标的点云数据。

(3)影像拼接:将每一个站点的全景影像进行拼接。

(4)数据配准:将点云数据和全景影像进行配准及优化。

(5)街景影像生产:主要通过三维实景数据生产软件进行三维面片数据的制作、轨迹编辑、涉密信息处理、切片等操作,并将处理后的成果数据按工程目录方式导出。

(6)街景影像发布:将街景影像通过工具进行发布。

(7)程序研发:将研发的系统和街景进行集成,实现相关功能。

(8)街景成果:形成最终的街景成果。

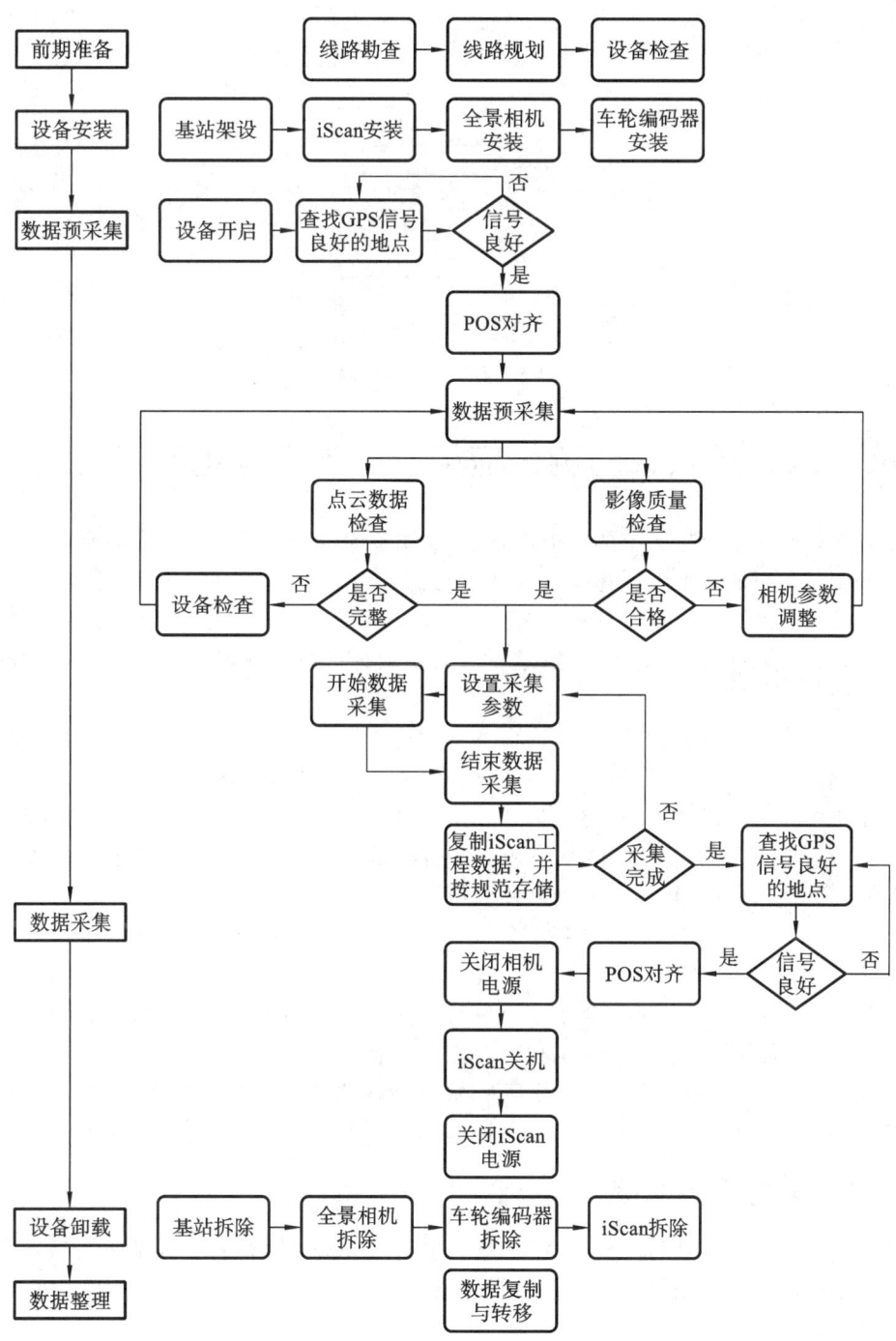

图 4-4 外业数据采集流程图

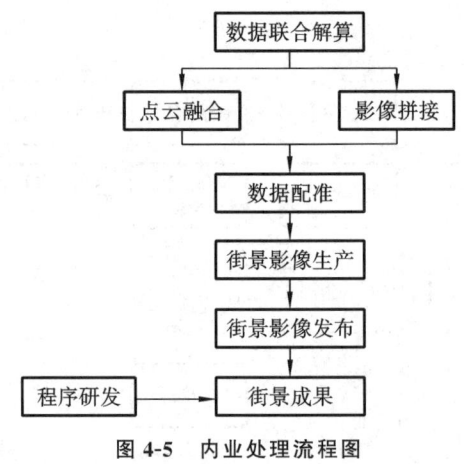

图 4-5　内业处理流程图

4.4　船载移动测量应用于河景三维生产案例

河景三维是相对于街景三维的一个概念,指应用于河道上的可测量实景影像,又可以称作可测量河景影像。可测量实景影像带有绝对方位元素,因此可以实现影像中任意地物的绝对测量和相对测量。除记录了地物的属性外,可测量实景影像还完整地记录了摄影时刻测区的环境信息,以及经济、社会、人文等信息,这种真实反映地球物理状况和人类活动环境的数据,可形象地称之为"真图"。

河景三维技术能够快速、全面地获取详细的河道、航道、水岸及近岸水上的地形和环境信息,更可以结合多波束水下地形测量技术,借助船载平台实现水上水下一体化移动测量,从而得到水上水下河道的三维数字河道信息,为水利治理开发、水资源利用、防汛抗旱保障体系和航道安全建设提供重要的数据支撑,对发展水上交通运输、水量调度,水利工程的规划、建设和管理,支持水资源开发和利用等均起到重要的作用。

现今,主要的移动测量系统多是基于车载平台的,无法直接用于河景三维采集,将移动测量系统应用到船载平台上,可以实现船载环境下多源数据的一体化同步采集与集成、可测量河景影像的生成与发布等,是一种适合于水利河道的可测量实景影像的产品作业流程和行业应用解决方法,可以提升测绘新技术在水利行业应用的能力。

以南京市某河段大约 24.1 km 的河道为例,基于移动测量系统的河景三维生产方法,其工作流程图如图 4-6 所示。

4.4.1　外业数据采集

船载移动测量系统在进行外业数据采集时,主要是根据规划的行船线路进行数据采集,获取原始点云、全景影像、绝对坐标和姿态数据等原始数据。

1. 环境安装

车载移动测量系统主要由基站、三维激光扫描仪、高清全景相机及车轮编码器 4 个部分组成,如图 4-7 所示。而在船载环境下,除车轮编码器外,其他传感器应统一安装在船体上,并将 GPS、CCD、INS/DR 等传感器进行校准后统一固定在铁板上,以解决各传感器之间在野外的校准问题,如图 4-8 所示。

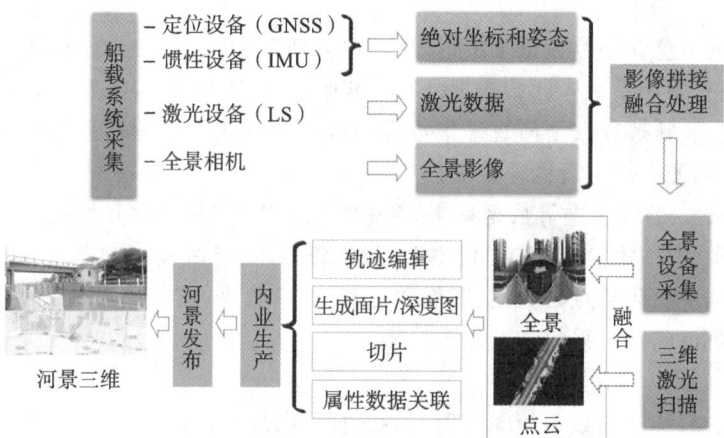

图 4-6　河景三维生产工作流程图

图 4-7　车载移动测量系统

图 4-8　船载移动测量系统

　　基站要求架设在卫星信号良好的地方,如果有已知控制点的话,则优先架设在控制点上。基站的架设与其他设备的安装独立进行,没有严格的先后顺序要求。但是一般来说,在进行数据采集前,基站必须架设完成,并开始正常工作。此次船载移动测量系统的 GPS 基站架设在楼顶已知控制点处,测区范围离基站最远处为 13.7 km。

2. 数据采集

船载移动测量系统在外业数据采集过程中,尽量使船舶保持匀速行驶,各个传感器开始工作后,计算机系统开始记录激光原始数据、CCD 影像数据、POS 数据(GPS 与 IMU 原始数据)、时间同步数据和行驶轨迹数据。所有采集数据均以不同格式存储在移动测量系统的存储卡或者相机存储卡中,以便后续进行内业处理。

外业以 15 km/h 的时速进行数据采集,在采集完数据后,船载移动测量系统需要初始化并等待 20 min,然后关闭相机电源、扫描仪电源,最后将设备拆除、复制数据,并对数据加以整理。

采集所得数据主要包括点云数据、影像数据和 POS 数据,它们是同时进行采集与存储的,真正实现了多源数据的同步采集与存储。

3. 注意事项

由于车载与船载移动测量系统间的差异,在进行实地采集工作之前,需要根据待采集区域的实际情况,保证数据采集精度和作业效率,制定数据采集的相关策略,进行线路及人员等的规划。在进行外业数据采集时,应当注意以下问题。

(1)初始化:在开启 POS 采集后,一般街景采集只需要使车身静止 5 min 即可,但是在河景采集中,由于无法使水面保持绝对静止,因此需静止 20 min,在静止期间,需要尽量避免船身摇晃。在采集开始前,需寻找卫星信号较好的地段,使卫星信号达到 45 dB,且有效卫星数目应为 5 颗以上,这样才可达到定位精度。

在采集开始前,需验证当前 INS 收敛角度。一般而言,当航向角收敛值小于 0.20 时,才可保证测量精度。如果航向角收敛值大于 0.20,则可以使船在河面上进行 S 路线的行驶,当航向角达到指定要求后,开始正常行驶。如果采集过程中出现 GPS 漂移的情况,则需要重新启动移动测量系统后,再继续进行采集作业。

(2)采集速度控制:与车载移动测量系统相比,影像拍摄的触发模式设置会有所不同。车载移动测量系统多为里程触发,需要安装轮胎编码器,一般时速为 25~30 km/h,大约 7 m 拍摄一组照片。而船载移动测量系统由于船速不稳定,因此影像采集模式设置为时间触发,在时速 15 km/h 情况下,大约 1.7 s 拍摄一组照片。

4.4.2 内业处理与河景发布

由移动测量系统采集的原始数据必须经过相关处理方可被其他应用使用,原始数据的处理主要包括数据联合解算、实景影像拼接、数据配准、河景影像生产、河景影像发布等步骤。

1. 数据联合解算

数据联合解算的目的是对点云数据、影像数据、POS 数据的数据坐标系进行统一。根据仪器校正成果,以及通过 IE 计算,可以得到较好的解算成果。

2. 实景影像拼接

实景影像分为柱面全景图和球面全景图,本案例涉及的实景影像是球面全景图,它将图像投影到以观察者为中心的球面上,根据观察者视点的情况展现相应的场景,并且所有的场景都是连续的,可以通过拖动鼠标左键选择相应的视点进行浏览。

图像拼接技术是实景影像拼接的核心技术,其关键是找到两幅图像中的重叠区域,然后将重叠区域进行图像融合,使重叠区域的场景能够自然地过渡。根据配准信息,可通过软件自动完成影像拼接。需要注意的是,由于现有的影像拼接算法都有一定的局限性,应在拼接完成后对图像逐个进行优化,消除拼接缝。

3.数据配准

与实景影像数据相比,激光扫描点云数据具有较高的精度和维度,因此应以激光扫描点云数据为基础整合、校正实景影像数据,生成混合彩色离散点,使点云数据既包含地物的空间位置信息,又包含实景影像所描述的色彩信息。如果校正后的实景影像有较明显的偏差,则应手工进行调整,完成点云与影像的精确匹配。

4.河景影像生产

河景影像生产包括模糊处理、深度图生成、面片提取、轨迹编辑、影像切片与入库等步骤。

(1)模糊处理:模糊处理的主要作用是对涉及个人隐私的数据做相关模糊化处理。与道路比起来,河道周围环境较为空旷,需要处理的隐私信息并不多,不需要考虑特别的算法进行处理,直接通过人工对所涉及的人脸区域进行均值滤波处理即可,如图 4-9 所示。

图 4-9　人脸区域模糊处理

(2)深度图生成:可根据点云数据生成每一幅影像的深度图信息,以此作为测量的基础。

(3)面片提取:建筑物区域的提取与分类具有广泛的应用,一是有助于实现对河景信息的自动分类,二是有助于建筑物目标的识别和三维重建,提高识别和三维重建的精度和效率,弥补深度图分辨率不均匀的缺陷。本案例通过点云的直线特征,可直接在点云顶视图上进行建筑物立面的面片提取,如图 4-10 所示。

(4)轨迹编辑:对采集轨迹进行编辑,形成拓扑信息,如图 4-11 所示。

(5)影像切片与入库:为了符合网络环境的共享和发布,应对影像数据进行切片与入库。

5.河景影像发布

完成上述步骤后,即可对河景影像进行发布,需开发河景浏览、二维地图联动、信息查询、三维空间测量及沿河水利工程管理等功能,实现水利河景应用。河景三维应用界面如图 4-12 所示。

以上为船载环境下移动测量系统的安装、采集与数据处理方案,并以实际项目为例,进行了河景影像的生产。

河景三维技术能够快速、全面地获得详细的河道、航道、水岸及近岸水上的地形和环境信息,可为水利工程数字化管理、开发规划、应急指挥、灾害监测、水利工程治理提供高精度、高现势性的地理空间信息数据支撑。此外,移动测量系统也可以结合多波束水下地形测量技术,借助船载平台实现水上水下一体化移动测量,从而得到水上水下河道三维数字河道信息。

图 4-10　面片提取

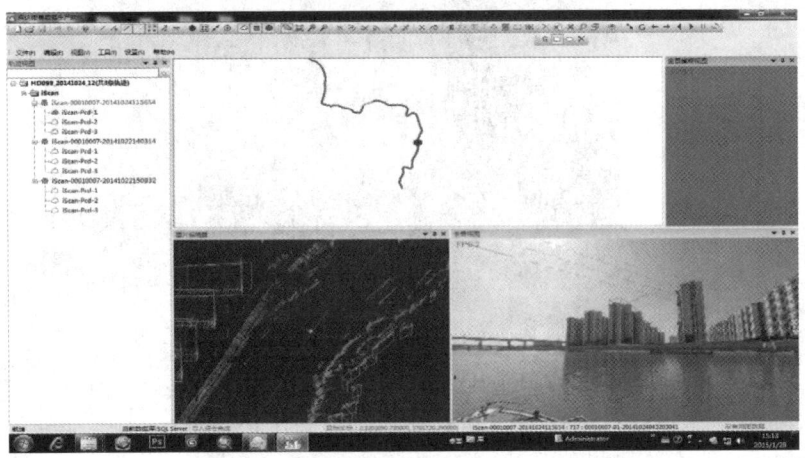

图 4-11　轨迹编辑

图 4-12　河景三维应用界面

本章参考文献

［1］　吕志慧,张凯.移动测量系统在河景三维中的应用［J］.地理空间信息,2016,14(12)：27-29.

［2］　谢宏全,韩友美,刘如飞,等.移动测量技术与应用［M］.武汉:武汉大学出版社,2023.

［3］　陈长军,闫利.车载移动测量系统集成关键技术［M］.北京:科学出版社,2024.

［4］　廖小罕,周成虎.轻小型无人机遥感发展报告［M］.北京:科学出版社,2016.

［5］　陈驰,杨必胜,彭向阳.低空 UAV 激光点云和序列影像的自动配准方法［J］.测绘学报,2015,45(5):518-525.

［6］　张蕊,李广云,王力,等.车载 LiDAR 点云混合索引新方法［J］.武汉大学学报(信息科学版),2018,43(7):993-999.

［7］　彭向阳,陈驰,饶章权,等.基于无人机多传感器数据采集的电力线路安全巡检及智能诊断［J］.高电压技术,2015,41(1):159-166.

［8］　Chen C, Yang B S, Song S, et al. Automatic Clearance Anomaly Detection for Transmission Line Corridors Utilizing UAV-Borne LIDAR Data［J］. Remote Sensing, 2018,10(4):613.

［9］　Yan L, Liu H, Cao L, et al. A Calibration Method of Mobile Laser System Without Control Points［J］. Geomatics and Information Science of Wuhan University,2015,40(8):1018-1022.

［10］　Li D R. Mobile Mapping Technology and Its Application［J］. Geospatial Information, 2006,4(4):1-5.

第5章　无人机激光雷达测量技术

5.1　概　　述

5.1.1　技术特点

与传统 LiDAR 相比,无人机 LiDAR 在测绘应用方面有许多优势,这些优势使其成为现代测绘和地形建模领域的重要工具。以下是无人机 LiDAR 在测绘应用方面的主要优势。

(1)高精度:无人机 LiDAR 能够以非常高的精度测量地面或目标物体的距离,生成高精度的三维点云数据。这使其在建立地形模型、数字高程模型、数字地表模型等方面具有优势。

(2)高效率:无人机 LiDAR 能够快速采集数据,与传统的航测和倾斜摄影测量相比,其处理时间更短,能够在更短时间内生成数据成果。

(3)低成本:与传统 LiDAR 相比,无人机 LiDAR 的成本通常较低。无人机本身相对便宜,不需要大型飞机或直升机搭载设备,降低了数据采集的成本。

(4)灵活性:无人机具有出色的灵活性和机动性,可以在各种地形和环境中飞行,到达传统测绘难以到达的地区,如山区、森林、沼泽等。

(5)三维可视化:通过无人机 LiDAR 获取的点云数据可以生成高精度的三维地图和模型,为用户提供直观的三维可视化效果,帮助用户更好地理解地理环境。

(6)数据多样性:无人机 LiDAR 可以与其他传感器(如 RGB 相机、红外相机等)集成,从而获取多种数据源,进一步增强测绘和分析的能力。

综上所述,无人机 LiDAR 在测绘应用方面具有高精度、高效率、低成本、灵活性、三维可视化和数据多样性等众多优势,逐渐成为测绘行业不可或缺的重要工具。

然而,无人机 LiDAR 技术也面临一些挑战,如飞行时间有限、搭载能力有限,以及对天气条件较为敏感等。随着技术的不断进步,这些困难可能会逐渐得到克服,使无人机 LiDAR 在更多领域发挥更大的作用。

5.1.2　硬件系统

无人机 LiDAR 系统通常由无人机、激光雷达传感器、GNSS、IMU、控制单元、数据存储单元、航摄相机、电源等硬件系统组成。

(1)无人机:无人机是整个 LiDAR 系统的平台,它挂载所有其他组件,并负责将 LiDAR 传感器移动至目标区域上方进行数据采集。无人机有各种类型和尺寸,选择适合特定任务需求的无人机非常重要。

(2)激光雷达传感器:激光雷达传感器是无人机 LiDAR 系统的核心组件,负责发射激光脉冲并接收返回的脉冲信号。它通过测量脉冲的飞行时间计算地面或目标物体的距离,并生成点云数据。激光雷达传感器通常包括激光发射器、光电接收器、控制单元等。

（3）GNSS：用于准确地记录无人机在空间中的位置和姿态信息。GNSS 数据将原始采集的激光点云数据与 IMU 处理数据关联，可以形成具有准确坐标的点云数据。

（4）IMU：是一种激光雷达传感器组件，用于测量无人机的姿态和加速度。IMU 数据可以精确地确定无人机在三维空间中的方向和运动状态。

（5）控制单元：是无人机 LiDAR 系统的中央处理单元，负责协调和管理各个组件的工作，也负责控制激光雷达传感器的发射频率和参数设置。

（6）数据存储单元：用来保存采集的激光点云以及 GNSS、IMU 等记录的数据。

（7）航摄相机：搭载 RGB 或者多光谱相机，可以实现激光点云数据与图像数据的融合，提供更丰富的地理信息。

（8）电源：无人机、LiDAR 以及其他系统都需要电源供应，确保系统可以运行足够的时间，以完成数据采集任务。

这些组件共同工作，使无人机 LiDAR 系统能够高效地获取高精度的三维地理数据。

5.1.3　软　件

除硬件系统外，无人机 LiDAR 系统还需要使用相关软件实现数据采集、处理和分析。无人机 LiDAR 系统涉及的软件通常可以分为以下几类。

1. 飞行规划和控制软件

这类软件用于规划无人机的航线和飞行任务。它们可以帮助用户选择最佳的飞行路径，确保数据覆盖区域的完整性和高效性。

飞行规划和控制软件主要功能如下。

（1）飞行路径规划：飞行规划和控制软件可以根据用户设定的目标区域和任务需求，自动生成最佳的飞行路径。它会考虑目标区域的地形、飞行高度、重叠率等因素，以确保数据采集的覆盖率和一致性。

（2）飞行参数设置：通过飞行规划和控制软件设置无人机的飞行参数，包括飞行高度、飞行速度、航线间距等。这些参数的设定对数据采集的效果和精度有着重要影响。

（3）扫描参数设置：扫描参数包括脉冲发射频率、扫描仪的摆动范围、垂直与水平扫描分辨率等。通过设置扫描参数可以控制激光点云数据的获取方式和质量。

2. GNSS 数据处理软件

GNSS 数据处理软件用于处理无人机和 LiDAR 系统获取的 GNSS 数据。它可以准确地记录无人机在空间中的位置和姿态信息，为后续的数据处理和分析提供基础数据。

GNSS 数据处理软件主要功能如下。

（1）数据处理和校正：GNSS 数据处理软件会对 GNSS 数据进行处理和校正，包括误差校正、卫星轨迹校正和信号中断时的插值等。这些步骤有助于提高 GNSS 定位的精度和准确性。

（2）坐标转换：由于地理坐标系统与投影坐标系统的坐标不同，GNSS 数据处理软件能够进行坐标转换，将 GNSS 数据转换为所需的地理坐标系统，使其与其他地理信息数据兼容。

（3）时间同步：GNSS 数据处理软件能够确保无人机的 GNSS 时间戳与激光雷达传感器获取激光点云数据的时间戳同步，以便在后续的数据处理中进行配准。

3. 激光点云处理软件

激光点云处理软件是无人机 LiDAR 系统中最重要的部分之一。它用于处理采集回来的激光点云数据,包括去噪、过滤、拼接、地面提取、分类等。其目标是从原始的激光点云数据中提取出有用的地形信息和目标特征。

激光点云处理软件主要功能如下。

(1)去噪和过滤:激光点云数据通常会包含一些噪声和无效的点。激光点云处理软件通过一系列算法和过滤技术可以去除这些噪声和无效点,从而得到更干净和可靠的点云数据。

(2)地面提取:地面提取是激光点云处理软件中一个关键的步骤。它通过算法将地面点从点云中分离出来,得到地面的三维形状,从而为地形建模和数字高程模型的生成提供基础。

(3)分类:在点云中,除了地面,还可能包含其他目标物体,如建筑物、植被等。激光点云处理软件可以通过一些分类算法将这些目标物体进行区分和分类,为后续的应用和分析提供更多信息。

4.地图制作软件

地图制作软件用于将处理后的数据生成地图产品,如数字高程模型、数字地表模型、等高线图等。

地图制作软件主要功能如下。

(1)三维可视化:地图制作软件可以生成三维可视化的效果,通过显示或隐藏部分点云,可以直观地查看、分析地理环境和目标特征。

(2)地形图符号配置:按照地形图测图的要求配置地形图符号库,快速生产数字地形图。

(3)自动识别与要素提取:依靠算法,通过自动或半自动方法提取等高线、道路标志线、灯杆等地理要素,实现高效测图。

5.1.4　工 作 流 程

无人机 LiDAR 的工作原理是通过发射激光脉冲并测量其返回时间获取地面或目标物体的距离信息,生成高精度的三维点云数据,从而实现对地形、建筑物、植被等目标的高精度测量和建模。

无人机作为搭载平台,挂载激光雷达传感器、GNSS 和 IMU 等设备,进行飞行和数据采集。激光雷达传感器负责发射激光脉冲并接收返回的脉冲信号,通过测量飞行时间计算地面或目标物体的距离。GNSS 和 IMU 用于记录无人机在空间中的位置和姿态信息,以确保激光点云数据的准确性。

无人机 LiDAR 基本工作流程如下。

(1)激光发射:无人机搭载激光发射器,通常为脉冲型激光器。该激光器会发射短脉冲的激光光束,其光波会以光速在空气中传播。

(2)光束照射地面:激光光束照射在地面或目标物体上,一部分激光光束被反射回来。

(3)接收返回信号:无人机上的激光雷达传感器接收返回的激光脉冲信号。该传感器同时记录激光脉冲离开和返回的时间戳,即飞行时间。

(4)计算距离:通过测量激光脉冲的飞行时间,LiDAR 系统可以计算出光束从传感器到地面或目标物体的往返距离。

(5)生成点云数据:LiDAR 系统重复以上步骤,不断照射不同位置,并记录激光脉冲的距离信息。所有这些距离信息被组织为三维坐标,形成一个点云数据集。

(6)数据处理:得到点云数据集后,需要进行数据处理。通常包括去噪、过滤、地面提取等步骤,以得到坐标准确的点云成果。

(7)数据应用:这些点云成果可以在各种应用领域中使用,如地图绘制、土地测绘、城市规划、环境监测、灾害评估等。

5.2　技术流程

5.2.1　外业数据采集

1.设备的检校

在机载 LiDAR 系统的检校参数中,有些参数(主要包括安置角、扫描仪扭矩、扫描仪角度编码器延迟等)是无法在飞行前直接测量的,必须由机载 LiDAR 系统飞行获取数据后,通过对机载 LiDAR 数据进行处理才能得到这些参数,而确定这些参数的过程就是飞行检校。

飞行检校通常在检校场进行,根据 LiDAR 系统本身的特点以及所采用的检校方法不同,它对检校场以及飞行航线模式等会有不同的要求。例如,Leica 公司推荐的飞行检校方法要求如下。

(1)检校场的地物包含平地、尖顶房和街道等。

(2)控制点布设在平地上,避免高反射地物、低反射地物和突兀的地物。

(3)将地面控制点布设为一条直线。

此外,由于机载 LiDAR 系统的各定位参数之间存在一定的相关性,因此需要采用一定的飞行航线模式以尽可能减少一些相关参数的影响并获取足够多的观测值,用于可靠解算各系统检校参数。

尽管每个机载 LiDAR 系统都需要确定这些检校参数,但是当前还没有一个标准的方法进行检校,目前常用的检校方法是基于剖面的手工检校。这种方法主要是根据各系统误差导致的航带的变形,通过人眼目视和手工测量航带间同名特征的偏移,采用一定公式计算或者手工循环迭代操作得到检校参数。

鉴于手工检校方法存在费时、耗力及缺乏精度统计指标的不足,将机载 LiDAR 系统用于快速应急响应系统将会大大降低其效率,难以满足实时、近实时的要求,因此需要更快的、较少人工干预的检校方法来满足快速应急系统的要求。由于最小二乘法解算仪器安置角具有统计精度高、效率高的优点,引起了众多研究者的关注,该方法主要有两大类:一类是直接采用数字摄影测量中的匹配技术获取同名特征后根据几何定位方程建立误差方程式;另一类是采用面作为连接与控制特征,根据同名面上的点满足同样的平面方程来建立误差方程解算仪器安置角。

2.航线设计

飞行规划对保证无人机 LiDAR 数据质量具有重要意义,设置合理的航飞参数,能够确保飞行安全,提高飞行工作效率,节省飞行成本。

1)航飞参数

扫描参数(如激光脉冲频率、视场角等)和飞行参数(如飞行高度、扫描线速度、航飞速度等)等技术指标对测量成果有重要影响。应在掌握各类参数与数据质量关系的基础上,根据项目需求,进行合理设置。

(1)激光脉冲频率(PRR)。

激光脉冲频率是指扫描仪每秒钟发射脉冲的数量,通常以 Hz 为单位。对脉冲式扫描设备而言,激光脉冲频率与激光发射点数量、有效测距范围均有关系。在设备总体功率恒定的情况下,若脉冲频率越高,则发射的点数越多,对应每个点的强度越小,点的有效距离就越短。反之,若脉冲频率越低,则发射的点数越少,对应每个点的强度越大,点的有效距离就越长。以 Riegl VUX-1UAV 扫描仪为例,在地面目标反射率不小于 60% 时,如果激光脉冲频率选择为 550 kHz,则其最大测距为 150 m;在降低功率模式下,脉冲频率为 380 kHz 时,最大测距为 350 m。在实际作业中,应根据确定的最大测距,选择与之相适应的脉冲频率。

(2)视场角(FOV)。

视场角是指扫描范围边缘与扫描激光头构成的夹角。视场角对激光扫描有效点数有影响,对于采用旋转棱镜的扫描设备而言,激光脉冲频率相当于在视场角为 360° 的情况下,每秒钟发射的点数。而实际上,根据设备安置的要求,扫描仪视场角的范围通常要小于 360°,如 Riegl VUX-1UAV 扫描仪的最大视场角为 330°。在无人机 LiDAR 项目生产时,通常视场角要设置得更小,激光脉冲发射在有效视场角范围内的点才是有效点,激光扫描的有效点数与视场角的关系为

$$有效点数=激光脉冲频率×视场角/360$$

对于无人机 LiDAR 而言,视场角越大,有效点数越多。但是,当视场角过大时,理论上激光可达的距离会超出其测距限差,而点云成果中数据可靠性差,会影响成果质量。

(3)飞行高度。

飞行高度是航线设计中最重要的设计参数。飞行高度对扫描的精度与效率有重要影响,通常飞行高度越高,效率越高。与此同时,飞行高度与点云成果的误差呈线性关系,飞行高度越高,误差越大。此外,飞行高度也影响扫描点的间隔,进而影响扫描点密度。因此,需要平衡质量与效率的关系,确保在满足精度要求的前提下,提高效率。

(4)扫描线速度与航飞速度。

扫描线速度指旋转棱镜扫描仪每秒钟旋转的圈数。由于扫描仪每旋转 1 圈(360°)扫描脚点形成 1 条扫描线,扫描线速度可看作每秒钟形成扫描线的数量。一般而言,这些平行的扫描线与飞行方向垂直,因此,航飞速度决定了这些平行扫描线的距离,也就是航向点间距。航飞速度是指无人机沿航线方向的飞行速度。在无人机 LiDAR 系统中,扫描的方向与航飞方向保持垂直。

在设定激光脉冲频率的情况下,单位时间内扫描仪发射点的个数是确定的,因为扫描仪发射的点数为扫描线数量(即扫描线速度)与每条扫描线上脚点数的乘积。而每条扫描线上脚点数由发射点角分辨率决定,反映在地面扫描点上就是与航向垂直方向的旁向点间距。

需要注意的是,扫描仪反射镜旋转的角速度是相等的,但由于地面点与反射镜距离不同,扫描线上的激光点距离扫描仪垂直地面的位置越远,激光点间距越大。

由上述分析可知,扫描线速度与航飞速度共同影响航向及旁向扫描脚点分布。应设置合适的扫描线速度和航飞速度,确保激光地面脚点均匀分布。

2)航飞参数设置

在实施无人机 LiDAR 项目时,应根据项目特点和质量要求,设置合理的航飞参数。其作业按如下顺序确定技术参数。

(1)确定最大测距。

由于扫描设备受测距阈值的影响,存在最小测距与最大测距的限制。在无人机 LiDAR 项目中,应考虑扫描目标与扫描设备距离是否在有效测距范围之内。根据最大测距可以计算出航高(H)及对应的视场角(α)等参数。在不考虑地形起伏及飞机姿态变化的情况下,可以计算地面扫描带宽度(W)。

最大测距与航高(H)及视场角(α)的关系为

$$L_{\max} \geqslant H/\cos(\alpha/2) \tag{5-1}$$

地面扫描带宽度(W)与航高(H)及视场角(α)的关系为

$$W = 2 \cdot \tan(\alpha/2) \cdot H \tag{5-2}$$

(2)调整航带重叠度。

机载 LiDAR 重叠度是指相邻航带重叠度。相邻航带重叠度可以看作是相邻航带对应地面扫描带的重叠部分与整个扫描带的比值。

航带旁向重叠度设计应达到 20%,最少为 13%,应保证在飞行倾斜姿态变化较大的情况下不产生数据覆盖漏洞,在丘陵地区,设计时应适当加大航带旁向重叠度。

相邻航带重叠部分宽度 $W_{重叠}$ 为地面扫描带宽度 W_1 与航宽 W_2 的差值,即

$$W_{重叠} = W_1 - W_2$$

航带旁向重叠度为

$$ov = \frac{2 \cdot W_{重叠}}{W_1} = \frac{2 \cdot (W_1 - W_2)}{W_1} = \frac{2 \cdot \tan(\alpha/2) \cdot H - W_2}{\tan(\alpha/2) \cdot H} \tag{5-3}$$

由此可知,通过航高、航宽及视场角可以计算重叠度,通过改变这些参数可以调整重叠度。

(3)设置点云密度。

点云密度为单位面积内的扫描点数,在确定扫描仪在单位时间内发射的点数和地面扫描带所覆盖的范围后即可确定点云密度。

在激光脉冲频率(PRR)和视场角(α)确定后,可以确定单位时间内的有效扫描点数。飞行速度($V_飞$)和扫描带宽度(W)又决定了单位时间内的扫描面积,扫描有效点与扫描面积的比值即为点云密度(B),其关系为

$$B = \frac{PRR \cdot (\alpha/360)}{V_飞 \cdot W} = \frac{PRR \cdot (\alpha/360)}{V_飞 \cdot 2 \cdot \tan(\alpha/2) \cdot H} \tag{5-4}$$

由上述公式可知,点云频率、视场角、飞行速度及航高对点云密度均产生影响。需要注意的是,在实际项目中,要尽量保持点云在航向与旁向分布均匀。

在明确各参数之间的关系后,可快速计算得到各参数对应的点云成果主要指标,便于设计人员进行优化设计。

3)分区设计

在无人机飞行作业中,当测区面积很大或地形变化较大时,为保证成果获取的安全、高效,需要根据地形类别及地形起伏变化对整体地形进行多区域划分,分区设计的具体要求如下。

(1)在航线敷设和划分分区时,应根据 IMU 误差积累的指标确定每条航线的直线飞行时间。

(2)飞行高度的确定应综合考虑点云密度和精度的要求,激光有效距离和飞行安全的要求,以及激光对人眼的安全性要求。

（3）分区应基于激光有效距离及地形起伏等情况进行设计，并考虑基站布设情况及测区跨带等问题。

（4）在满足成果数据技术要求和精度要求的前提下，在同一分区内各航线可以采用不同的相对航高。

（5）每个测区应至少设计 1 条构架航线，航高保持一致。

（6）如果需要生产制作基础地理信息数据数字正摄影像图，那么在满足点云数据精度要求的前提下，还应符合数字航空摄影相关标准的规定。

一般情况下，扫描仪的安装要保证其扫描方向与飞机前进方向几乎垂直，以便对测区进行条带式扫描。每个相邻的扫描带之间要保证有一定的重叠部分，这需要在飞行之前根据测区的地形等因素制定出合理的重叠度，确保所有的扫描带最终能够拼接成 1 条完整的点云图像。

4）航飞线路设计

航飞线路设计主要根据设计出的航带间距规划航飞线路，同时根据航飞参数，绘制无人机载体的飞行航线。

在设计航飞线路时，应遵循安全、经济、周密、高效的原则，以项目成果数据精度要求为目标，充分地分析测区的实际情况，包括测区的地形、地貌、机场位置、已有控制网情况、气象条件等影响因素，结合 LiDAR 测量设备的自身特点，如航高、航速、相机镜头焦距及曝光速度、激光扫描仪的扫描角、激光脉冲频率、功率等，同时考虑航带重叠度、激光点距、影像分辨率等，选择最为合适的航摄参数，为获取高质量的数据提供基础技术保障。

在设计航飞线路时，具体要求如下。

（1）航线方向。

航线的方向设计对于要素采集的完整性有重要影响。航线一般应按照东西或者南北走向直线飞行，在特殊任务情况下，应按照公路、河流、海岸线、境界等走向飞行，项目执行时可以按照飞行区域的面积、形状，并考虑安全性和经济性等实际情况选择飞行方向。

对于不同类型的项目，应根据测量对象特征进行设计。例如，在地籍测量中，因为要尽量多地扫描房屋墙面与拐角，在设计时，通常将航线与房屋的主轴线呈一定的夹角（如 45°、60° 等），这样每次扫描可以采集到至少 2 条房屋边线。

（2）航带外扩。

为保证地物采集的完整度，在通常情况下，可将航带外扩到任务区范围外约 1 条航线。

（3）8 字航线。

为了增加精度，需要对惯导进行初始化。通常采用在进入主航线前设计 8 字航线的方法，以方便惯导初始化。由于不同的项目，其需求不同，无人机飞行速度存在较大的差别，应根据航飞速度，设计 8 字的半径大小和转弯半径。例如，在地籍测量中，8 字的转弯半径通常小于两航点间距的一半。不同品牌的无人机，其转弯半径也不尽相同，以保证无人机能够协调、平稳转弯为宜。

（4）井字航线。

单一扫描航线难免会遗漏部分地物特征的采集，不利于后期测图。采用井字航线，可以与单一扫描航线形成补充，提高数据采集的完整度。

（5）要素避让。

对于测区内较高的建筑物、高压塔及通信设施，需要采取提升航高、增大航宽等策略进行避让,确保飞行作业安全。

5)基站架设方案

在无人机 LiDAR 测量作业时,可在测区内架设一定数量的 GNSS 基站,一方面用于动态 GNSS 定位,另一方面用于数据处理后快速检测已知点与所测点云的绝对误差。在机载 LiDAR 系统中,除安置角误差外,最大的系统误差源是 DGNSS 误差,而地面 GNSS 基站的架设可以有效地消除这一误差,提升成果质量。

基站架设应满足以下要求。

(1)基站应架设于已知控制点,若测区没有现成控制点,则需要选取稳固的明显地物喷涂标志,利用 CORS 系统等方法采集该点的精确坐标。

(2)基站架设后应进行严格的对中和整平,对中误差不应大于 1 mm。

(3)天线高测量分别从脚架的 3 个方向测量,读数精确至 1 mm,互差应小于 3 mm,最后取平均值作为天线高。

(4)基站控制半径一般不超过 5 km。

(5)卫星高度角为 15°。远离大功率无线电发射源,其距离不小于 200 m,远离高压输电线和微波无线电信号传输通道,其距离不小于 50 m。防止因电磁波干扰过大,影响静态基站数据精度。

(6)观测数据必须要有 GNSS 和 BDS,并且两者卫星数之和不少于 18 个,要求保存 HCN 格式数据和 Renix3.02 数据各 1 份。

(7)PDOP 值小于 6(越小越好)。

(8)天线高测量采用量斜高方式,分别从脚架 3 个空档(互成 120°)测量天线高,测量基准面(测高板)至控制点中心标志面的距离,读数精确至 1 mm,互差应小于 3 mm,最后取平均值作为天线高。

(9)基站采样率不低于 5 Hz。

(10)基站架设完成后,需要派专人看守,谨防基站被碰撞挪动,开启基站后需要及时关注电池电量。

6)虚拟基站的方案

随着连续运行参考站(CORS)网络的布设完成,可以通过 CORS 控制中心,在给定位置周边自动选择一组最佳的固定基站,根据这些站发来的信息,整体改正 GNSS 的轨道误差,以及电离层、对流层和大气折射引起的误差,将高精度的差分信号发给移动站,相当于在移动站旁生成一个虚拟的参考基站,从而解决 RTK 距离限制问题,保证精度。

3. 外业飞行

外业飞行是无人机 LiDAR 数据采集最重要的作业环节。

1)测区踏勘

将测区范围展绘在底图上,可以掌握测区的大致地形情况。在此基础上,还需要进行实地踏勘,以掌握测区详细情况,为采集路线规划提供更丰富的依据。测区踏勘需重点关注以下内容。

(1)交通情况。

测区道路是否通畅,直接关系到作业时的便利性。因此,首先要了解测区公路、铁路、乡村道路等分布及通行情况,以便为野外作业时的后勤配备奠定基础。

（2）居民地相关情况。

主要调查测区内城镇、乡村居民点的分布情况，高压线路分布、地磁分布等情况，以了解测区作业难度，为后面的项目实施进行分区规划，在地图上为采集区域内较高的楼层做好标记，以便在外业线路规划中可以对飞行高度进行合理安排，同时也为飞行作业场地选址。

（3）自然地理情况。

主要调查山体、水系及其他主要地貌的类型、特征，以及平均高程、树木种类和自然坡度等相关情况。

（4）气象气候情况。

主要包括测区风力、雨水、雪、雾、气温、气压等情况，统计出测区每年可作业的月份，以及每个月可作业的天数等情况，为后期作业的实施提供依据。

2）设定航飞线路

在进行机载航线规划时，可根据项目需求，使用航线规划工具进行关键参数计算，并将飞行参数和机载雷达扫描参数分别设置到地面站软件和采集控制端中。航线设计人员应根据现场实际情况，对理论计算的参数酌情调整，设计适合测区飞行的航线。在地形测绘项目中，一般机载采集需要规划井字交叉航线，以尽可能地保障点云的完整度。如果仅使用机载雷达用于高程获取，则无须飞井字交叉航线，按照项目需求规划即可。

3）设备安装及检查

在预先选定好的起降场地，根据《无人机机载雷达操作规程》，按照人员分工开始无人机、机载雷达、地面基站的安装与检查。以四旋翼无人机为例，按照操作流程分别打开无人机的 4 个机臂，并将与机身连接位置的反向卡口手动用力卡紧，再分别展开 4 个旋翼的桨叶，展开的同时手动测试每对桨叶的松紧度，有过紧或过松的桨叶要用扳手松紧。接着，先安装扫描设备，后安装无人机电池。安装机载雷达时要特别注意雷达与载荷板的连接件要固定紧，防止无人机飞行过程中机身振动导致连接螺钉松动，酿成飞行事故。飞行前要按照《飞行检查及记录单》分别对无人机的机身、机械、遥控器、飞控及电器逐步检查。

在飞行参数设置过程中，要结合项目对成果精度的要求对飞行参数和机载雷达扫描参数分别设置。飞行参数要结合机载雷达采集数据的要求分别对相对航高、飞行速度、旁向重叠度（雷达扫描不考虑航向重叠度）、航线预转弯半径、用于惯导初始化的 8 字航线长度和预转弯半径、起飞点与开始航线间的距离及方位、航线结束时无人机的动作指令等进行检查。机载雷达扫描参数要针对不同的项目精度要求在机载雷达的手持控制端分别设置，在开始设置扫描参数前，要先打开机载雷达约 2 min，等机载雷达初始化好以后再开启手持控制端设置扫描参数。机载雷达扫描参数设置好以后，要再次认真核对检查，然后开始新建扫描工程，防止扫描参数设置错误。

航线扫描作业前要选择一处备降场地，当出现应急情况时无人机能够安全降落至备降点，同时还要采用微型无人机对待扫描航线进行试探飞行，验证航飞高度的安全性，保证正式作业过程中能够安全飞行。

4）飞行注意事项

在飞行作业时要注意以下事项。

（1）飞行数据采集。

飞行前要对机载扫描系统的 IMU 进行时长不少于 3 min 的静置，让 IMU 充分初始化。

地面基站开机不少于 3 min,地面与机载 GNSS 搜星数量要达到 18 颗以上,保证扫描数据的质量。为保证人机安全,起飞前要对场地进行清场。

飞行开始阶段要仔细观察 8 字绕飞环节无人机的飞行姿态、速度、电压值等指标变化是否在正常范围。在雷达手持控制端,要观察雷达扫描数据的存储变化情况,保证无人机和机载雷达飞行扫描过程中各项指标参数正常。

飞行过程中要时刻关注无人机有无异常加减速,时刻关注电压值的变化,时刻关注天气变化等情况,遇到紧急情况,立即采取应急操作。

在任务即将结束时,飞手提醒辅助人员将降落场地的无关人员进行清场,保证无人机能够安全降落。

(2)飞行速度。

飞行过程中对速度的要求如下。

①在整个作业区域内,飞行速度应尽可能保持一致。

②在一条航线内,飞机上升、下降速率不大于 10 m/s。

(3)飞行姿态。

飞行过程中对姿态的要求如下。

①航线俯仰角、侧翻角一般不大于 2°,最大不超过 4°。

②飞机转弯时坡度一般不大于 15°,最大不超过 22°。

③航线弯曲度不大于 3%。

④为避免 IMU 误差积累,在每次进入测区前,飞机应先平飞 3~5 min,然后作 8 字形飞行。当次飞行结束后,飞机应先作 8 字形飞行,然后平飞 3~5 min。

5)补飞与重飞

出现下列问题时,需要进行补飞和重飞。

(1)POS 系统局部数据记录缺失。

(2)根据各个设备评价指标,经检查不满足要求。

(3)原始数据质量存在局部缺陷而影响点云的精度或密度。

补飞或重飞的航线,其两端应满足与原航线的旁向和重叠度要求。

6)其他注意事项

飞行时的其他注意事项如下。

(1)为确保设备安全,应待飞机发动机启动且电压稳定后,方可通电使用相关设备。

(2)飞行过程中应及时观察系统的工作情况,根据实际情况及时处理出现的问题,重点观察 POS 系统信号状况、回波接收状况、数据质量状况、实时天气状况等。

(3)飞机降落滑行至飞机停机位并停稳后,应等候 5 min,保证 IMU 与 GNSS 数据记录完整,待机载激光雷达设备电源关闭后,方可关闭飞机电源。

7)飞行结束后的流程

降落后,首先飞手应提醒副手关闭控制端停止采集按钮,并提醒辅助人员做好安全降落场地的清场工作,等飞机完全落稳并静置 3 min 后,再关闭点云数据工程。然后根据操作流程,先关闭雷达电源,后安全拆卸扫描仪,放入设备箱,最后关闭基站,再按照项目要求的地方坐标系利用网络 RTK 分两次采集基站点坐标。

4. 数据预处理

无人机 LiDAR 数据预处理的主要目的是对原始数据进行解码,将 GNSS 数据、IMU 数据、地面基站观测数据、飞行记录数据、基站控制点数据和激光测距数据等进行整理,生成满足要求的点云数据。

1)POS 数据处理

POS 数据处理的要求如下。

(1)在飞行区域内由全球导航卫星系统连续运行基站,并且采样频率需符合要求,收集基站的观测数据,联合机载 GNSS 观测数据,按照后处理精密动态测量模式进行处理,获取飞行过程中各时刻 GNSS 天线的基准坐标。

(2)如果在飞行区域布设地面 GNSS 基站,可采用 GNSS 坐标点联测方式得到基站坐标,或收集基站周围的全球导航卫星系统连续运行基站(如 IGS 站)的观测数据、IGS 站的精密星历和精密钟差相关数据等,解算获取 GNSS 基站坐标,联合机载 GNSS 观测数据,按照后处理精密动态测量模式进行处理,获取飞行过程中各时刻 GNSS 天线的基准坐标。

(3)选择该架次距离摄区最近的基站数据进行解算,或采用多基站数据联合解算,确保采用最优解算结果。

(4)剔除姿态不佳的编号卫星数据,保证最终差分数据质量。

(5)基于差分 GNSS 结果与 IMU 数据进行 POS 数据联合处理,并顾及系统检校已测量的偏心分量值。若 GNSS 数据采用精密单点定位后处理模块进行处理,则按照精密单点定位数据处理流程解算飞行过程中各个时刻飞机的准确位置。

(6)通过双向解算差值、GNSS 定位精度(差分 GNSS 解算结果)和数据质量因子等指标进行综合评定。

(7)导出航迹文件成果。

(8)参照 IMU/GNSS 辅助航空摄影相关标准填写 POS 数据处理结果分析表。

2)检校数据的应用

系统各个部件的检校场数据或室内检校数据主要用于改正飞行过程的系统误差、航带偏移等。将系统部件之间的偏心角、偏心分量数据,通过整体平差的方法解算出定向定位参数,改正航带平面和高程漂移系统误差,解算影像外方位元素。

3)点云数据解算

点云数据解算应联合 POS 数据和激光测距数据,附加系统检校数据,进行点云数据解算,生成三维点云。点云数据可采用 LAS 格式、ASCII 码格式或其他格式存储。

4)航带拼接和系统误差改正

在进行航带拼接时,不同航带间(含同架次和不同架次)点云数据同名点的平面位置中误差应小于平均点云间距,高程中误差应小于表 5-1 规定中误差。如果中误差超限且存在系统误差,则应采取布设地面控制点的方式进行系统误差改正,当其小于限差后,再进行航带拼接。

5. 地面控制点与精度验证点采集

机载激光雷达扫描测量通常以多航带重叠扫描测区的方式完成,这可能导致分属在 2 个或多个航带的数据平面偏移和高程不连续,这种误差称之为航带性系统误差。通常采用构建多参数误差模型,利用地面已知控制点求解这些物理参数值,达到改正误差的目的。此外,为了验证点云在地面与高程的精度,也需要采集一定数量的精度验证点。

地面控制点与精度验证点的采集要求如下。

1）点位选取

地面控制点和精度验证点一般选取地形、地物特征变化规则且明显处,如道路交叉口、水泥坎角、桥头、水泥墩角、低矮房屋角等。如果点云密度比较高,则可以选取地表紧邻的对激光反射有明显差异的地物点,如道路斑马线角、球场标示线角等。

高程控制点和精度验证点宜选在平坦硬化的路面或水泥地面上。

此外,可以将具有高反射强度的制作成规则图形的标靶同时作为平面纠正点与高程纠正点。标靶预先布设于观测区域,并用 LiDAR 点云拟合标靶中心坐标,将拟合坐标与实际外业测量的标靶中心坐标进行对比以评价 LiDAR 点云精度。

2）采集方法

各类点均采用 RTK 或 CORS 进行快速测量,测量两次并取平均值。

3）精度要求

测量纠正点和验证点的精度要求如表 5-1 所示。

表 5-1　测量纠正点和验证点的精度要求

类型	中误差
平面纠正点	2 cm
高程纠正点	5 cm
平面精度验证点	3 cm
高程精度验证点	5 cm

4）布设密度

点位分布均匀,位置明显,避免选择航带重叠区与高程急剧变化处。检查点数视激光雷达点云密度、覆盖范围、覆盖类型等具体情况确定,每一个分区数量不少于 20 个。

5.2.2　点云处理

移动激光雷达系统的数据预处理主要包括 POS 解算和激光解析。其中,POS 解算是对激光扫描设备瞬时位置和姿态信息进行精确解算;激光解析则以 POS 解算文件和原始激光文件作为输入参数,解算出指定坐标系下的点云成果,在需要时,可通过坐标转换,将其转换为其他坐标系下的成果。

点云处理流程如图 5-1 所示。

1. POS 解算

1）POS 解算步骤

POS 解算是将 GNSS 和 INS 原始数据等进行处理,以提高组合导航解算精度和稳定性,得到包括位置、速度和姿态信息在内的高精度组合导航信息。

POS 解算步骤如图 5-2 所示。

2）GNSS/INS 组合解算方式

GNSS/INS 组合解算采用差分后处理模式,加载基站、移动站的原始数据进行组合解算。组合解算方式包括紧耦合和松耦合。

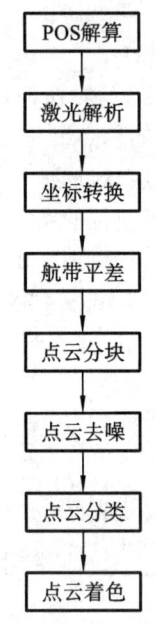

图 5-1　点云处理流程

图 5-2　POS 解算步骤

紧耦合是高水平的组合方式,其利用 GNSS 系统给出的星历数据和惯导系统给出的位置、速度计算相应的伪距和伪距率,把该值与 GNSS 测得的伪距和伪距率的比较结果作为测量值,利用卡尔曼滤波得到惯导和卫星导航系统误差状态的最优估计,然后对两个系统进行校正。

在松耦合结构中,GNSS 接收机独立于惯导系统之外,利用 GNSS 的导航解算,使惯性导航位置和速度估值重新初始化。

紧耦合和松耦合的主要区别在于使用 GNSS 的测量值不同,松耦合采用位置和速度信号,而紧耦合采用伪距或伪距率等原始信号。松耦合系统可以使用故障检测等方式排除异常的观测数据,但缺点是完全不能利用异常阶段的 GNSS 数据;紧耦合系统直接处理伪距数据,因而可以利用视觉信息判断各卫星伪距信号的可用性,具有更高的定位精度。

3)POS 结果

数据处理完成后,通过激光坐标系与惯性坐标系的转换,解算出在指定坐标系(通常为 WGS84)下,固定间隔(如 0.005 s)激光发射中心的瞬时位置。

2. 激光解析

扫描仪中记录了激光脚点相对于激光发射中心的距离与方向,而 POS 解算可以得到扫描仪激光发射中心的瞬时坐标。激光解析是将原始激光数据转换为指定坐标系下的 LAS 格式的激光点云的过程。通过点云解算,可以得到与 POS 一致坐标系(通常为 WGS84)下的点云成果。

3. 坐标转换

激光解析可得到 WGS84 坐标系下的激光点云成果,而要得到项目要求的空间坐标系统的点云数据,需要进行点云的坐标转换。如果对高程精度有要求,则还需要进行高程拟合。

1)坐标转换

与单点转换方法一样,点云坐标转换可采用七参数法或四参数法,分别进行三维或二维成果坐标转换。以七参数法转换为例,在飞行区域选取至少 3 个同名点,计算转换参数,再将转换参数作为点云解析的参数,这样就可以直接解算出项目要求坐标系下的点云成果。

2)高程拟合

对于高程精度要求较高的地区,需要进行高程拟合。高程拟合通常采用二次曲面方程表达高程异常曲面,根据 6 个或者 6 个以上的公共点求出方程,代入平面坐标,求出高程异常值,结合原高程值就可以计算出目标坐标系的高程。

在实际生产中,坐标转换与高程拟合在激光解析过程中可以同时进行。

4. 航带平差

航带平差的目的在于消除航带重叠区域之间的系统性偏移。航带平差通常采用重叠区域共轭点间欧氏距离作为条带平差数学模型,通过定义不同共轭点对应规则,实现相邻条带间正形变换参数的最大似然估计。采用点云处理软件的航带平差模块,可以实现航带平差。

5. 点云分块

机载 LiDAR 系统所获得的点云数据越来越密集,对大面积区域进行扫描,获取的点云数据量一般都达到了百万级甚至亿级。在现有普通计算机的处理能力下,对大数据量点云的后续处理很困难。因此,必须要对密集的点云数据进行分块处理。一般按照标准图框或人工划定范围进行分块,实现大数据量的分批作业和多计算机同步作业。

点云数据应分块存储,用于地形测量的点云数据分块宜按 GB/T 13989—2012《国家基本比例尺地形图分幅要求和编号》进行数据分块和编号,用于非地形测量的数据可结合待测目标性质和使用目的确定。

6. 点云去噪

由于观测条件、仪器设备自身及外界环境条件的影响,机载 LiDAR 系统获得的点云数据往往包含噪声点。

噪声数据会影响点云数据成果的应用,例如,在对点云按高程进行色彩渲染时,噪声数据所带来的高程最大值或最小值会严重影响点云高程的分层显示,使得渲染结果无法产生强烈的色差对比,影响视觉效果,进而影响测图效率与精度。此外,在进行点云滤波时,通常都会先假定区域内的高程最小点为真实地面点,如果存在低位噪声点,则往往会被假定为地面种子点,使得周围的真实地面点因与其高差过大而被误判为地物点,导致滤波误差大,影响水系、交通、地貌等要素采集的精度。因此,必须对点云数据进行去噪处理,为后续的大比例地形图的地形测绘与数字高程模型制作做好准备。

点云噪声点的明显特征包括点孤立存在,以及点的高程明显小于或者大于周围邻近点的高程。因此点云去噪主要分为去除孤立点和分离低点两个步骤。

判断孤立点的算法是,遍历欲分离的点,以其为中心,以指定距离为半径,生成一个球,如果球内点的个数少于设定的阈值,则该点被认为是孤立点。将这些点移至指定点云中,完成孤立点分离。

分离低点的算法与孤立点类似,将遍历的点与周围在一定球半径范围内的点高程进行比较,若高程低于周围点且大于给定阈值,则判定其为低点。

7. 点云分类

点云分类是指通过点云处理软件,将地面点与非地面点分离的过程。下面主要通过分类算法,将地面点、建筑物进行分类。

1)分类地面点

地面点分类采用渐进加密三角网过滤方法。首先对区域进行地形分析,按照地形情况进行分块,进而按照区域分块法选取区域内最低点,以这类最低点作为种子地面点建立初始 TIN 模型,然后通过渐进加密三角网过滤的方法提取地面点。

在对一般地面点进行分类时,针对不同的地形需要输入不同的参数。实际应用时要考虑测区整体的地形情况,反复调整参数,以达到最理想的滤波效果。需要指出的是,并没有一套参数能够完美地分类出全部地面点,必要时需要通过手工进行分类。

2)分类建筑物

在过滤出的地面点的基础上分类建筑物,将高于地面 2 m 以上的点分类到高植被类中,再从高植被类中分出建筑物屋顶及墙体,主要通过面的面积和 Z 值容差进行约束,同时考虑回波信息,屋顶一般是单次回波,而植被有可能是多次回波。

8. 点云着色

点云着色是指利用图像数据为点云数据添加颜色信息,从而使点云更加真实和美观。

点云数据和图像数据的坐标转换,需要根据相机和激光雷达的内、外参数,计算从点云坐标系到图像坐标系的变换矩阵。根据变换矩阵,将点云投影到图像上,找出对应的像素值,并赋给点云的 RGB 分量。

5.3　应 用 方 向

5.3.1　主要应用

无人机 LiDAR 技术由于其高效、高精度和灵活性,在各种场景中具有广泛的应用。以下是一些无人机 LiDAR 的应用场景。

(1)地形测绘和数字高程模型生成:无人机 LiDAR 可以用于快速获取地面表面的高精度数据,并生成数字高程模型,用于地图绘制、土地测绘、地形分析等。

(2)城市规划和建筑物建模:无人机 LiDAR 可以帮助绘制城市的三维模型和建筑物的立体结构,为城市规划和建筑设计提供基础数据。

(3)林业资源管理:无人机 LiDAR 可用于林业资源管理和监测,包括森林覆盖率估计、树木高度测量、林分结构分析等。

(4)环境监测和生态学研究:无人机 LiDAR 可以用于监测环境变化,如海岸线变化、植被分布和演变等,有助于生态学研究和环境保护。

(5)灾害评估和紧急响应:无人机 LiDAR 可以快速获取灾害现场的三维数据,用于灾害评估、救援和紧急响应。

(6)基础设施检查和监测:无人机 LiDAR 可以用于检查和监测各种基础设施,如道路、铁路、桥梁和输电线路等,发现潜在问题并进行维护规划。

(7)矿产资源勘探:无人机 LiDAR 可以用于快速勘探矿产资源,如矿床的地形特征、开采潜力等。

(8)历史文化遗址保护:无人机 LiDAR 可以用于文化遗址的快速建模和保护,帮助保存和研究历史遗产。

总的来说,无人机 LiDAR 技术在地理信息、环境科学、城市规划、资源勘探、灾害管理等各个领域都有着广泛的应用,为各种行业提供了高效、精确的三维数据采集和分析手段。

5.3.2　技术发展

无人机 LiDAR 的技术发展预测如下。

(1)精度与分辨率提升:随着传感器技术的不断改进,未来的无人机 LiDAR 系统将会提供更高的精度与分辨率。这将使其能够更准确地捕捉地形、建筑物、植被等细节,为更多应用场景提供支持。

(2)实时性能改进:当前的无人机 LiDAR 系统有时在数据处理和生成地图方面需要较长时间。未来,预计会有更多的实时数据处理技术应用于这些系统,使其能够更快地生成实时地图和环境信息。

(3)自动化与智能化:无人机 LiDAR 系统将会变得更加智能,能够在没有人为干预的情况下执行更复杂的任务。借助机器学习和人工智能技术,无人机 LiDAR 可以实现更好的路径规划、障碍物避让等功能,从而在复杂环境中更安全地执行任务。

(4)多传感器融合:将 LiDAR 与其他传感器(如摄影测量、红外摄像头等)结合,可以提供更全面的地理信息数据。这种多传感器融合有助于在各种应用中获取更丰富的信息。

(5)新兴应用领域:除了目前已经广泛应用的地质勘探、农业监测、城市规划等领域,无人机 LiDAR 还有望进入更多新兴领域。例如,它可以用于灾害监测与应急响应、智能交通系统、生态环境保护等。

(6)成本的降低:随着技术的成熟和市场的扩大,无人机 LiDAR 系统的制造成本可能会降低,从而使更多的企业和机构能够采用这项技术。

随着无人机 LiDAR 的应用范围扩大,相关的法律和规范也会逐步完善。这将有助于解决隐私、安全等方面的问题,促进技术的健康发展。

综上所述,无人机 LiDAR 技术在未来将继续发展壮大,并在更多领域发挥重要作用。然而,这些只是一种预测,实际发展还会受到技术、市场需求、法规等多方面因素的影响。

5.3.3　发展趋势

无人机 LiDAR 在近年来得到了迅速的发展,其在多个领域的应用也在不断拓展。以下是关于无人机 LiDAR 发展趋势的阐述。

1. 数据采集

(1)小型化设备:随着传感器技术的进步,LiDAR 传感器将变得更加小型化,这意味着无人机可以搭载更轻便的 LiDAR 设备,提高机载设备的灵活性和适用范围。

(2)高效采集:新一代 LiDAR 传感器具备更高的数据采集速度和分辨率,可以更快速地获取高质量的点云数据。这有助于提高数据采集的效率,减少对区域的干扰和无人机的空中时间。

2. 数据处理

(1)智能要素提取算法:随着计算机视觉和机器学习技术的进步,LiDAR 数据的要素提取算法变得更加智能和精确。例如,建筑物、道路、植被等要素可以更准确地从点云数据中提取出来,为地理信息系统(GIS)和城市规划提供更精细的数据支持。

(2)深度学习融合:深度学习技术在图像和点云数据处理方面取得了重大突破。将深度学习算法与 LiDAR 数据处理相结合,可以加速数据分析和要素提取的过程,提高处理效率和准确性。

3.数据融合

(1)倾斜摄影测量数据:将无人机 LiDAR 数据与倾斜摄影测量数据相结合,可以生成更加真实且详细的地表模型。这种融合可以提供更丰富的地理信息,对城市规划、环境监测等领域具有重要意义。

(2)高光谱遥感数据:将无人机 LiDAR 数据与高光谱遥感数据相结合,可以为区域的环境状况提供更多维度的信息。例如,农业领域可以通过联合分析 LiDAR 数据和高光谱数据,实现更精准的作物监测和管理。

(3)广泛应用:数据种类更加丰富,无人机 LiDAR 数据的多源融合有助于提供更全面的地理信息支持。这对城市规划、灾害监测、林业资源管理等多个领域都具有重要的作用。

总体而言,无人机 LiDAR 的发展趋势是朝着设备小型化、数据处理智能化及数据融合多样化的方向前进。这将使无人机 LiDAR 能在更广泛的领域中发挥作用,为各种应用提供更丰富、更准确的地理数据支持。

5.4　应用案例

5.4.1　航飞设计

1.航飞参数设计

选择某区域不动产权籍调查项目,项目区域范围内地势平坦,主要以交通、水系、居民地和农田等要素分布为主,试验设计了 70 m、100 m、140 m 三种不同的高度。其中,70 m 相对航高的航线设计如图 5-3 所示。

图 5-3　70 m 相对航高的航线设计

采用相同的无人机和机载激光雷达设备,在相同条件下对不同的飞行参数进行测试。综合设计出扫描参数和飞行参数。具体参数设置见表 5-2。

表 5-2 扫描参数和飞行参数设计

扫描参数	飞行参数			备注
相对航高/m	70	100	140	
航间距/m	50	70	100	
航速/(m/s)	6.5	7.5	8.2	
旁向重叠度/(%)	51	51	51	
扫描角速度/(rad/s)	120	100	90	
航向点间距/cm	5.0	7.5	9.1	
旁向点间距/cm	7.0	9.16	11.5	
点密度/(点/m²)	203	145	93	扫描航线的点密度
滤波距离/m	92	122	142	
航摄面积/km²	0.18	0.23	0.3	都是按井字航线扫描

扫描方案为在 3 种不同高度情况下均采用井字航线扫描,保证待测试区域点云覆盖率能够满足测试的需要。

2. 精度评定

在待测区域内,利用网络 RTK 方法布设图根点,每个图根点分两次采集国家 2000 坐标系平面坐标,高程数据采用大地高,再采用全站仪实测待测区域内地表物的碎步点坐标作为本次测试的精度评定点。

分别对 3 种不同相对航高情况下采集到的点云数据通过 COMAPING 点云测图软件数字化成图,再将外业采集的碎步点汇总在一起,进行平面精度评定和高程精度评定。不同高度点云平面精度统计分别如表 5-3、表 5-4、表 5-5 所示。

表 5-3 平面精度统计(70 m 相对航高)

序号	地物名称(点号)	图上坐标		实测坐标		较差			备注
		纵坐标(X 轴)	横坐标(Y 轴)	纵坐标(X 轴)	横坐标(Y 轴)	ΔX	ΔY	ΔS	
1	J1	xxxx200.308	xxx254.068	xxxx200.298	xxx254.092	0.010	−0.024	0.026	
2	J2	xxxx189.744	xxx259.083	xxxx189.800	xxx259.094	−0.056	−0.011	0.057	
3	J3	xxxx190.374	xxx263.095	xxxx190.371	xxx263.130	0.003	−0.035	0.035	
4	J4	xxxx193.469	xxx284.286	xxxx193.481	xxx284.288	−0.012	−0.002	0.012	
5	J5	xxxx205.255	xxx288.207	xxxx205.228	xxx288.200	0.027	0.007	0.028	
6	J6	xxxx214.940	xxx286.812	xxxx214.879	xxx286.794	0.061	0.018	0.064	
7	J7	xxxx207.125	xxx301.343	xxxx207.106	xxx301.303	0.019	0.040	0.044	

续表

序号	地物名称（点号）	图上坐标		实测坐标		较差			备注
		纵坐标(X轴)	横坐标(Y轴)	纵坐标(X轴)	横坐标(Y轴)	ΔX	ΔY	ΔS	
8	J8	xxxx207.720	xxx305.393	xxxx207.692	xxx305.332	0.028	0.061	0.068	
9	J11	xxxx211.357	xxx327.447	xxxx211.344	xxx327.402	0.013	0.045	0.047	
10	J12	xxxx196.473	xxx310.567	xxxx196.448	xxx310.537	0.025	0.030	0.039	
11	J20	xxxx214.837	xxx243.606	xxxx214.814	xxx243.631	0.023	−0.025	0.034	
12	J21	xxxx211.872	xxx243.461	xxxx211.827	xxx243.468	0.045	−0.007	0.046	
13	J22	xxxx209.937	xxx243.717	xxxx209.895	xxx243.760	0.042	−0.043	0.060	
14	J27	xxxx147.660	xxx204.975	xxxx147.638	xxx204.986	0.022	−0.011	0.025	
15	J28	xxxx147.861	xxx203.853	xxxx147.850	xxx203.860	0.011	−0.007	0.013	
16	J29	xxxx141.350	xxx244.355	xxxx141.331	xxx244.385	0.019	−0.030	0.035	
17	J30	xxxx128.598	xxx248.832	xxxx128.599	xxx248.865	−0.001	−0.033	0.033	
18	J31	xxxxx184.024	xxx259.983	xxxx184.049	xxx259.974	−0.025	0.009	0.027	
19	J32	xxxx190.857	xxx266.839	xxxx190.897	xxx266.857	−0.040	−0.018	0.044	
20	J33	xxxx213.995	xxx252.156	xxxx213.989	xxx252.192	0.006	−0.036	0.037	
21	J34	xxxx254.689	xxx242.504	xxxx254.705	xxx242.512	−0.016	−0.008	0.017	
22	J43	xxxx143.399	xxx223.718	xxxx143.379	xxx223.738	0.020	−0.020	0.028	
23	J44	xxxx138.768	xxx237.323	xxxx138.766	xxx237.343	0.002	−0.020	0.020	
24	J45	xxxx130.411	xxx248.423	xxxx130.480	xxx248.458	−0.069	−0.035	0.077	
中误差计算			$[VV]=0.042$		$M=\pm\mathrm{Sqrt}([VV]/n)=0.042$ m				

表 5-4 平面精度统计（100 m 相对航高）

序号	地物名称（点号）	图上坐标		实测坐标		较差			备注
		纵坐标(X轴)	横坐标(Y轴)	纵坐标(X轴)	横坐标(Y轴)	ΔX	ΔY	ΔS	
1	J1	xxxx200.309	xxx254.077	xxxx200.298	xxx254.092	0.011	−0.015	0.018	
2	J2	xxxx189.761	xxx259.083	xxxx189.800	xxx259.094	−0.039	−0.011	0.040	
3	J3	xxxxx190.386	xxx263.084	xxxx190.371	xxx263.130	0.015	−0.046	0.049	
4	J4	xxxx193.472	xxx284.274	xxxx193.481	xxx284.288	−0.009	−0.014	0.016	
5	J5	xxxx205.261	xxx288.208	xxxx205.228	xxx288.200	0.033	0.008	0.034	
6	J6	xxxx214.940	xxx286.801	xxxx214.879	xxx286.794	0.061	0.007	0.061	
7	J7	xxxx207.117	xxx301.343	xxxx207.106	xxx301.303	0.011	0.040	0.042	
8	J8	xxxx207.712	xxx305.386	xxxx207.692	xxx305.332	0.020	0.054	0.058	
9	J11	xxxx211.349	xxx327.448	xxxx211.344	xxx327.402	0.005	0.046	0.047	
10	J12	xxxxx196.469	xxx310.552	xxxx196.448	xxx310.537	0.021	0.015	0.025	

序号	地物名称 (点号)	图上坐标		实测坐标		较差			备注
		纵坐标(X 轴)	横坐标(Y 轴)	纵坐标(X 轴)	横坐标(Y 轴)	ΔX	ΔY	ΔS	
11	J20	xxxx214.837	xxx243.606	xxxx214.814	xxx243.631	0.023	−0.025	0.034	
12	J21	xxxx211.872	xxx243.461	xxxx211.827	xxx243.468	0.045	−0.007	0.046	
13	J22	xxxx209.937	xxx243.717	xxxx209.895	xxx243.760	0.042	−0.043	0.060	
14	J27	xxxx147.660	xxx204.975	xxxx147.638	xxx204.986	0.022	−0.011	0.025	
15	J28	xxxx147.861	xxx203.853	xxxx147.850	xxx203.860	0.011	−0.007	0.013	
16	J29	xxxx141.350	xxx244.355	xxxx141.331	xxx244.385	0.019	−0.030	0.035	
17	J30	xxxx128.589	xxx248.822	xxxx128.599	xxx248.865	−0.010	−0.043	0.044	
18	J31	xxxx184.033	xxx259.981	xxxx184.049	xxx259.974	−0.016	0.007	0.017	
19	J32	xxxx190.881	xxx266.833	xxxx190.897	xxx266.857	−0.016	−0.024	0.028	
20	J33	xxxx213.992	xxx252.161	xxxx213.989	xxx252.192	0.003	−0.031	0.032	
21	J34	xxxx254.688	xxx242.498	xxxx254.705	xxx242.512	−0.017	−0.014	0.022	
22	J42	xxxx144.265	xxx203.090	xxxx144.279	xxx203.115	−0.014	−0.025	0.029	
23	J43	xxxx143.388	xxx223.701	xxxx143.379	xxx223.738	0.009	−0.037	0.038	
24	J44	xxxx138.741	xxx237.322	xxxx138.766	xxx237.343	−0.025	−0.021	0.033	
25	J45	xxxx130.404	xxx248.417	xxxx130.480	xxx248.458	−0.076	−0.041	0.086	
中误差计算		$[VV]=0.042$		$M=\pm\mathrm{Sqrt}([VV]/n)=0.041\ \mathrm{m}$					

表 5-5　平面精度统计(140 m 相对航高)

序号	地物名称 (点号)	图上坐标		实测坐标		较差			备注
		纵坐标(X 轴)	横坐标(Y 轴)	纵坐标(X 轴)	横坐标(Y 轴)	ΔX	ΔY	ΔS	
1	J1	xxxx200.304	xxx254.042	xxxx200.298	xxx254.092	0.006	−0.050	0.050	
2	J2	xxxx189.771	xxx259.086	xxxx189.800	xxx259.094	−0.029	−0.008	0.030	
3	J3	xxxx190.386	xxx263.084	xxxx190.371	xxx263.130	0.015	−0.046	0.049	
4	J4	xxxx193.483	xxx284.274	xxxx193.481	xxx284.288	0.002	−0.014	0.014	
5	J5	xxxx205.260	xxx288.206	xxxx205.228	xxx288.200	0.032	0.006	0.033	
6	J6	xxxx214.940	xxx286.799	xxxx214.879	xxx286.794	0.061	0.005	0.061	
7	J7	xxxx207.135	xxx301.341	xxxx207.106	xxx301.303	0.029	0.038	0.048	
8	J8	xxxx207.730	xxx305.384	xxxx207.692	xxx305.332	0.038	0.052	0.065	
9	J11	xxxx211.346	xxx327.427	xxxx211.344	xxx327.402	0.002	0.025	0.025	
10	J12	xxxx196.469	xxx310.548	xxxx196.448	xxx310.537	0.021	0.011	0.024	
11	J20	xxxx214.838	xxx243.582	xxxx214.814	xxx243.631	0.024	−0.049	0.055	
12	J21	xxxx211.873	xxx243.436	xxxx211.827	xxx243.468	0.046	−0.032	0.056	

续表

序号	地物名称（点号）	图上坐标		实测坐标		较差			备注
		纵坐标(X 轴)	横坐标(Y 轴)	纵坐标(X 轴)	横坐标(Y 轴)	ΔX	ΔY	ΔS	
13	J22	xxxx209.920	xxx243.717	xxxx209.895	xxx243.760	0.025	−0.043	0.050	
14	J27	xxxx147.660	xxx204.975	xxxx147.638	xxx204.986	0.022	−0.011	0.025	
15	J28	xxxx147.861	xxx203.853	xxxx147.850	xxx203.860	0.011	−0.007	0.013	
16	J29	xxxx141.339	xxx244.361	xxxx141.331	xxx244.385	0.008	−0.024	0.026	
17	J30	xxxx128.567	xxx248.802	xxxx128.599	xxx248.865	−0.032	−0.063	0.071	
18	J31	xxxx184.035	xxx259.968	xxxx184.049	xxx259.974	−0.014	−0.006	0.015	
19	J32	xxxx190.889	xxx266.832	xxxx190.897	xxx266.857	−0.008	−0.025	0.026	
20	J33	xxxx214.011	xxx252.133	xxxx213.989	xxx252.192	0.022	−0.059	0.063	
21	J34	xxxx254.689	xxx242.478	xxxx254.705	xxx242.512	−0.016	−0.034	0.037	
22	J42	xxxx144.265	xxx203.090	xxxx144.279	xxx203.115	−0.014	−0.025	0.029	
23	J43	xxxx143.375	xxx223.666	xxxx143.379	xxx223.738	−0.004	−0.072	0.072	
24	J44	xxxx138.728	xxx237.288	xxxx138.766	xxx237.343	−0.038	−0.055	0.066	
25	J45	xxxx130.417	xxx248.429	xxxx130.480	xxx248.458	−0.063	−0.029	0.069	
中误差计算		$[VV]=0.055$		$M=\pm\text{Sqrt}([VV]/n)=0.047 \text{ m}$					

不同相对航高高程精度统计如表 5-6 所示。

表 5-6 不同相对航高高程精度统计

点号	点云坐标（X 轴）	点云坐标（Y 轴）	点云坐标（Z 轴）	测量坐标（X 轴）	测量坐标（Y 轴）	测量坐标（Z 轴）	70 m	100 m	140 m
							ΔZ	ΔZ	ΔZ
G15	517250.980	3504192.526	9.2190	517250.980	3504192.526	9.2668	−0.0478	−0.0083	−0.0487
G16	517266.579	3504196.332	9.2190	517266.579	3504196.332	9.2535	−0.0345	−0.0113	−0.0403
G17	517281.589	3504198.657	9.3330	517281.589	3504198.657	9.3533	−0.0203	−0.0320	−0.0354
G18	517306.978	3504205.275	9.6170	517306.978	3504205.275	9.6573	−0.0403	−0.0566	−0.0505
G19	517290.493	3504200.825	9.4400	517290.493	3504200.825	9.4603	−0.0203	0.0014	−0.0163
G35	517258.551	3504143.664	10.4500	517258.551	3504143.664	10.4590	−0.0090	−0.0366	−0.0242
G36	517256.531	3504159.297	9.6120	517256.531	3504159.297	9.6298	−0.0178	−0.0753	−0.0675
G37	517253.922	3504174.530	9.3260	517253.922	3504174.530	9.3714	−0.0454	−0.0209	−0.0451
G38	517248.831	3504201.712	9.3370	517248.831	3504201.712	9.3738	−0.0368	−0.0158	−0.0460
G39	517246.184	3504216.550	9.1470	517246.184	3504216.550	9.1777	−0.0307	−0.0270	−0.0416
G40	517243.175	3504231.896	9.0330	517243.175	3504231.896	9.0671	−0.0341	−0.0473	−0.0692
G41	517241.067	3504247.420	9.0410	517241.067	3504247.420	9.0625	−0.0215	0.0021	−0.0410
						最小误差	0.0090	0.0014	0.0163

续表

点号	点云坐标（X 轴）	点云坐标（Y 轴）	点云坐标（Z 轴）	测量坐标（X 轴）	测量坐标（Y 轴）	测量坐标（Z 轴）	70 m ΔZ	100 m ΔZ	140 m ΔZ
						最大误差	0.0478	0.0753	0.0692
						高程中误差	0.0320	0.0355	0.0462

平面实测点位分别选择明显的房屋拐角点,以保证平面精度统计的准确性。外业全站仪实测机载点云精度检测点位置如图 5-4 所示。

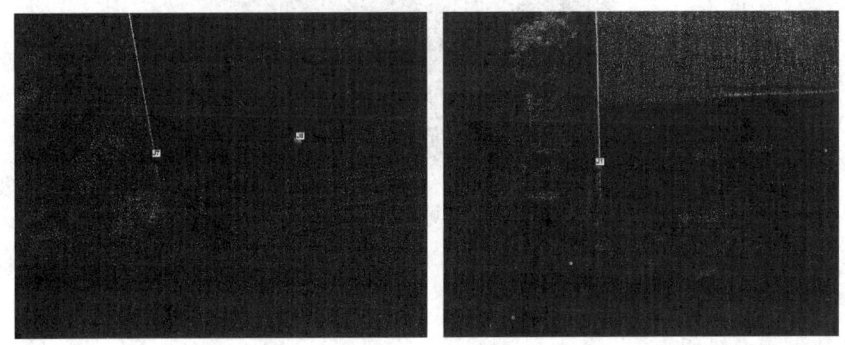

图 5-4　机载点云精度检测点位置

3. 精度分析

根据测试精度的结果,对 3 种不同相对航高机载雷达点云数字化测图后的质量进行判断,3 种不同相对航高的数据中误差都在 5 cm 以内,优于经误差模型公式计算的结果。

仔细对比后发现,70 m 和 100 m 相对航高的情况下,在 25 个检测的平面精度数据中误差超过 5 cm 的数据分别是 5 个、4 个,两种高度的检测结果很接近。140 m 相对航高的情况下,在 25 个检测的平面精度数据中有 11 个点误差超过 5 cm。将 3 种高度的检测结果相比较,140 m 中误差达到 4.7 cm,已经接近 5 cm。而 3 种高度的高程检测结果都在 5 cm 以内。

4. 测试结论

通过对测试点云的平面和高程精度统计、无人机 LiDAR 扫描的参数、不同高度无人机起降电池的消耗等综合效率进行对比和分析后,得到如下结论:相对航高在 70 m 和 100 m 时,点云精度可达到 5 cm 以内,可应用在 1∶500 大比例尺地籍类项目采集中;相对航高在 140 m 时,点云精度接近 5 cm,可满足 1∶500 大比例尺地形图数据采集的要求。

5.4.2　数据生产

1. 项目概况

该测区为开挖废弃山体,包含两个直径 100～200 m,深度 40～120 m 的矿坑,矿坑顶部和周边道路崎岖、陡峭,山体上方无法行走,测区现状图如图 5-5 所示,采用传统测绘方式进行数据采集难度大、危险系数高。

地形图成图比例尺为 1∶500。平面采用 2000 国家大地坐标椭球参数、中央子午线 118°50′、高斯克吕格投影;高程采用 1985 国家高程基准。平面精度和高程精度优于 10 cm。

图 5-5　测区现状图

2. 外业航飞

1)航飞参数

航飞参数如表 5-7 所示。

表 5-7　航飞参数

激光脉冲频率	550 kHz
飞行高度	140 m
视场角	90°
飞行速度	8 m/s
线速度	120 m/s
航带间距	80 m
旁向重叠率	60%
平均点云密度	32 点/m²

航飞线路采用井字航线,航线布设图如图 5-6 所示。

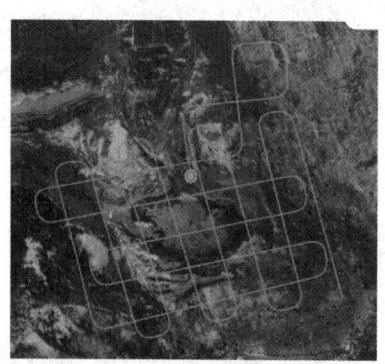

图 5-6　航线布设图

2)点云处理与测图

(1)点云去噪及滤波处理。

为了提供可供测图的基础点云数据,需要进行点云去噪及滤波处理。

点云去噪是指通过人机结合去除扫描点云数据内包含的不稳定或错误的点;点云滤波是指将点云中地形表面点与植被或建筑物等非地形表面点分离的操作,通常根据不同地形地貌特征,通过在滤波软件内设置相应参数,可进行自动、半自动化处理。经过去噪和滤波处理后的点云,去除了噪声干扰,分离了地表点云,便于地形测图等后续操作。

(2)生成等高线。

以滤波后的地形表面点云为基础,构建不规则三角网(TIN)。以 TIN 为基础,通过软件自动生成等高线(见图 5-7),并对自动等高线进行平滑处理。

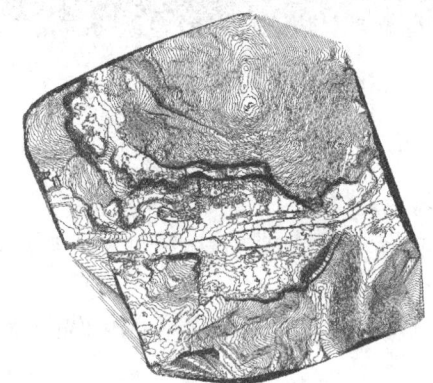

图 5-7　生成等高线

(3)地形测图。

在测图软件中,通过加载点云和自动生成等高线,可进行地形测图。在测图时,针对不同要素采用不同的方法,如下。

①对于房屋及附属设施,选择合适的高度对点云进行切片,在此状态下采集房屋边线。此种方法采集的房屋边线已扣掉房檐,即房基脚位置。

②对于道路及道路上的附属设施,在确保把道路上方树木植被滤除干净的基础上,可通过测图工具捕捉地面点云并进行要素采集。对于电杆等杆状物,可通过三维视图模式查看后再进行采集。

③对于水系及附属设置,在点云上可以根据高程变化,判断并绘制水涯线及坎边线。

④对于高程点,采用单点表示。测图时需测量至少 1 个周边点,并对两点高程值进行检查,确保不产生飞点。

完成测图后将数据地形测图平台进行数据规范化处理,得到地形图和地形数据库成果。点云测图如图 5-8 所示。

3. 成果质量评价

1)覆盖完整度

经全图查看,点云平面数据无漏洞,壁面等凹陷处因受视场角及航高限制存在部分点云数据缺失。采用站式三维激光扫描在矿坑底部设站进行补充扫描,并通过坐标配准,将站式扫描点云与无人机载点云数据实现融合。

图 5-8　点云测图

2）航带旁向重叠度

相邻航带旁向重叠度大于 50%。

3）点云分层

随机检查全图 20 处点云，最大分层为 9.7 cm，平均分层为 4.8 cm。

4）点云密度

地面点云密度最小为 26 点/m²，矿坑底部平面上可达 100 点/m² 以上，平均密度为 35 点/m²，满足设计要求。

5）POS 数据质量

Q 值为 1 的比例为 91%，Q 值在 1～4 之间的比例为 99.6%，满足 POS 数据质量要求。

6）点云精度评价

项目对点云的平面与高程精度进行评价，如下。

（1）平面精度：在项目区域内采集道路交叉点、水泥地坪拐点等地面标志点，与点云数据进行比对检查。

（2）高程精度：在项目区域内选择裸露的平坦硬化路面或水泥地面，采集特征点的平面坐标与高程，将采集的三维点展绘至点云成果上，对应采集相应点在点云中的高程值，进行高程精度检查。

本项目采用 NJCORS 选择平滑方式采集平面检查点 43 个，高程检查点 51 个。

因为各检测点坐标采用 CORS 获取，所以按照同精度检测统计中误差。计算公式为

$$M = \pm \sqrt{\frac{\sum_{i=0}^{n} \Delta_i^2}{2n}} \tag{5-5}$$

式中，M 为中误差；n 为检测点总数；Δ_i 为较差。

经计算，平面最大较差为 15.2 cm，中误差为 8.2 cm；高程最大较差为 7.6 cm，中误差为 3.2 cm。平面、高程较差统计分别如图 5-9、图 5-10 所示。

从应用结果可以看出，无人机 LiDAR 在大比例尺测图项目中应用，技术路线可行，成果质量可靠，能够满足项目生产要求。

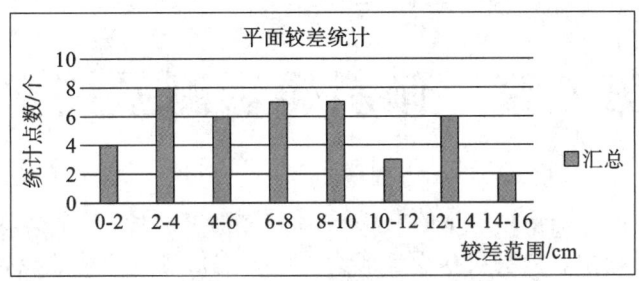

图 5-9　平面较差统计

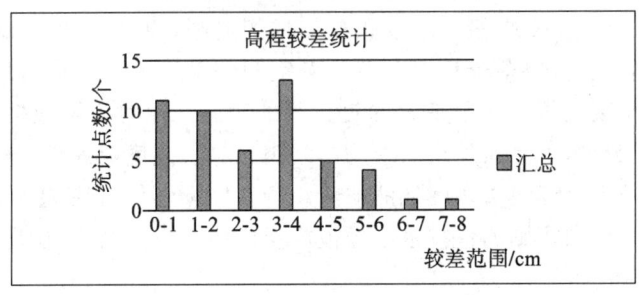

图 5-10　高程较差统计

本章参考文献

［1］ 李增元,庞勇,刘清旺,等.激光雷达森林参数反演技术与方法［M］.北京:科学出版社,2015.

［2］ 王成,习晓环,杨学博,等.激光雷达遥感导论［M］.高等教育出版社,2022.

［3］ 张华聪,谭新建,喻龙华,等.基于增强 Frost 局部滤波及单木距离图重构标记的 CHM 树冠分割［J］.南京林业大学学报(自然科学版),2023,47(5):9-18.

［4］ 胡雪晴,毛庆洲,胡庆武,等.无人机机载激光雷达四面塔镜三维成像方法［J］.激光与光电子学进展,2023,60(14):312-320.

［5］ 解宇阳,王彬,姚扬,等.基于无人机激光雷达遥感的亚热带常绿阔叶林群落垂直结构分析［J］.生态学报,2020,40(3):940-951.

［6］ 崔溦,谢恩发,张贵科,等.利用无人机技术的高陡边坡孤立危岩体识别［J］.武汉大学学报(信息科学版),2021,46(6):836-843.

［7］ 王铉彬,李星星,廖健驰,等.基于图优化的紧耦合双目视觉/惯性/激光雷达 SLAM 方法［J］.测绘学报,2022,51(8):1744-1756.

［8］ 崔健.台风灾害下无人机激光雷达技术的电网巡视应用［J］.测绘科学,2021,46(4):63-67.

［9］ 吴永利,陈欢.无人机激光雷达技术在输电线路通道的应用［J］.科技与创新,2017,(19):158-160.

第6章　倾斜摄影测量技术

随着计算机、测绘、地理信息技术的发展,基于遥感航空影像、三维模型及可测量实景影像的全景应用技术应运而生。这些技术现已成为国际地理信息应用的热点,也代表着未来地理信息的一个重要发展方向,将成为全世界智慧城市及智慧城市信息化建设技术的主流。

倾斜摄影测量技术是国际遥感与测绘领域近年来发展起来的一项高新技术。它突破了传统航测单相机只能从垂直角度拍摄并获取正摄影像的局限,通过在同一飞行平台上搭载多台传感器,可以同时从垂直、倾斜多个角度采集带有空间信息的真实影像,以获取更加全面的地物纹理细节,为用户呈现出符合人眼视觉的更直观的世界。倾斜摄影数据是带有空间位置信息的可测量实景影像数据,可真实地反映地物的外观、位置、高度等属性,增强三维数据带来的高沉浸感,弥补了传统人工建模仿真度低的缺陷。倾斜摄影影像可快速获取三维模型、点云模型等多种数据。目前,倾斜摄影测量技术已经被广泛应用于应急防灾、国防安全、资源管理、城市规划等行业。

6.1　概　　述

6.1.1　基 础 知 识

1. 摄影方式

根据相机镜头的主光轴和铅垂线方向之间夹角的大小,摄影可分为垂直摄影和倾斜摄影两种方式。垂直摄影的夹角小于 $2°$,倾斜摄影的夹角大于 $2°$。

2. 相片重叠率

相片重叠率包括航向重叠率与旁向重叠率。一条航线上的相邻照片的重叠部分的长度与相片边长之比称为航向重叠率;相邻航线之间的相片的重叠部分的长度与相片长度之比称为旁向重叠率。

航向重叠率
$$R\% = \frac{R_x}{L_x} \times 100\% \qquad\qquad (6-1)$$

旁向重叠率
$$P\% = \frac{P_y}{L_y} \times 100\% \qquad\qquad (6-2)$$

式中,L_x、L_y 指相片的边长;R_x、P_y 指重叠部分的长度。

3. 地面分辨率

地面分辨率(GSD)是指单个像元在地面上的实际距离长度。地面分辨率是评定影像能够分辨两个相邻地物之间最小间隔的能力,其代表最小像点对应的实际地面尺寸,越高的分辨率则对应越小的地面尺寸。

对于无人机摄影测量系统来说,选用的相机一定,那么 GSD 与飞行高度的关系成反比,如式(6-3)所示。

$$GSD = \frac{像元尺寸 \times 摄影航高}{镜头焦距} \qquad (6\text{-}3)$$

4. 航带弯曲度

航带两端点的像主点之间的直线长度和偏离此直线最远的像主点到此直线的距离之比的倒数叫作航带弯曲度,如式(6-4)所示,一般规定 R 小于 3%,如果 R 大于 3%,不但会影响航向重叠率和旁向重叠率,还会影响相片质量。

$$R = \frac{\delta}{L} \times 100\% \qquad (6\text{-}4)$$

式中,R 表示航带弯曲度;δ 表示偏离距离;L 表示两端点之间距离。

5. 相片旋偏角

相邻相片的像主点的连线和相幅沿航线方向的两框标连线之间的夹角被称为相片旋偏角。一般规定相片旋偏角小于 6%,最大不大于 8%。如果相片旋偏角的角度过大,不但会影响照片质量,还会给内业处理带来麻烦。

6.1.2　基本原理

无人机倾斜摄影测量技术融合了传统的航空摄影和近景测量技术,突破了以往正摄影像只能从垂直角度拍摄的局限,通过在无人机飞行平台上搭载多台数码相机,同时从垂直和倾斜多个角度获取高分辨率航拍影像,该技术常用的是五镜头倾斜摄影系统,结合无人机飞行平台搭载的 GPS/IMU 系统获取的 POS 数据和像控点数据,经过高效自动化的倾斜摄影三维建模技术(如图 6-1 所示)获取数字正摄影像和真彩色的 DSM。

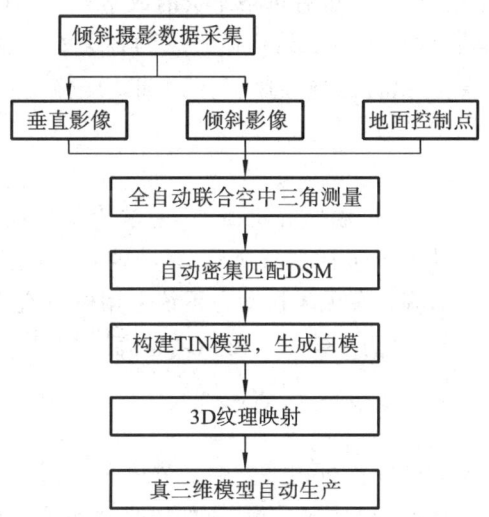

图 6-1　倾斜摄影三维建模技术

倾斜摄影测量技术具有以下特点。

(1)相对于传统垂直摄影,倾斜摄影不仅可以获取地物的垂直影像,还可以获取多个侧面的影像。

(2)倾斜摄影经过处理可以生成三维模型,能够实现立体化、真实化的视觉感受。

(3)倾斜摄影获取的影像有较高的分辨率和较大的视场角。

6.1.3 系 统 组 成

无人机倾斜摄影测量系统的基本组成主要包括无人飞行器、有效任务载荷和地面保障系统,如图 6-2 所示。

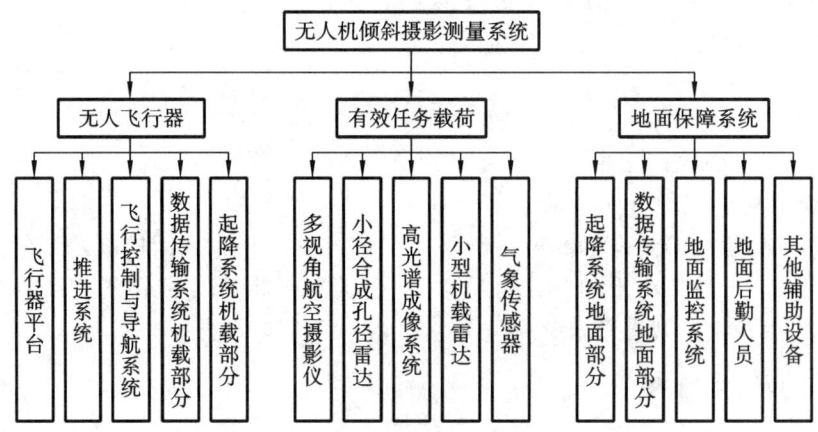

图 6-2 无人机倾斜摄影测量系统的组成

1.无人飞行器的选择

作为无人机倾斜摄影测量系统的搭载平台,固定翼无人机由于无法灵活调整自身姿态及完成悬停等动作,不满足需求。在直升机和多旋翼无人机的选择上,直升机与多旋翼无人机相比,有载重大、续航长的明显性能优势,也有价格昂贵的成本劣势。在适用性上,需深入对比直升机与多旋翼无人机在各自不同动力系统结构模式下的各个控制品质影响因素的差异根源。这些影响因素包括结构复杂度、执行器响应速度、桨盘平均载荷、控制精度和安全冗余度等 5 个方面。

1)结构复杂度

直升机动力系统直接利用发动机输出的机械能,通过传动装置驱动桨叶提供升力。从动力源到动力执行器,中间的传动系统包括主减速器、尾减速器、自动倾斜器、变距桨毂等,整个动力系统较为复杂。相较之下,多旋翼无人机动力系统采用电机直驱定距桨模式,动力源和动力执行器之间无任何附加环节。动力系统结构复杂度越高,中间环节越多,将越不利于提高系统控制品质。

2)执行器响应速度

一般情况下,机械系统响应速度比电控系统慢。直升机通过总距杆和油门杆同时作用改变升力,这是靠变桨距和变总功率的共同响应完成的。当桨距增大时,主旋翼旋转阻力增大,转速降低,为了维持转速不变,发动机必须加大瞬时输出功率,而发动机的油门响应速度较缓慢。多旋翼无人机则完全不同。多旋翼无人机通过电子调速器驱动直流电机改变螺旋桨转速,从而改变升力和力矩,由于单个螺旋桨提供的升力相对较小,且电子调速器响应速度极快(一般小于 2 ms),与此同时,电源系统具备功率瞬时快速调节能力。在多重因素作用下,多旋翼无人机动力执行器的响应速度要明显快于直升机。

3）桨盘平均载荷

直升机主旋翼转速低,桨盘面积大,桨盘平均载荷小;多旋翼无人机的螺旋桨转速高,桨盘面积小,桨盘平均载荷大。从动力系统的推进效率这一角度而言,当旋翼转速越低,桨盘平均载荷越小时,推进效率越高,这是由螺旋桨空气动力特性决定的。但从控制系统性能的角度而言,桨盘平均载荷越小,飞行器受气流干扰和急速变化的影响就越大,这将导致系统鲁棒性降低。因此,多旋翼无人机较直升机有更强的抗扰动能力。

4）控制精度

直升机靠周期性变距提供俯仰力矩和横滚力矩。这种周期性带来的是纠偏力矩的不连续性和不平衡性。可以理解为,在一个旋转周期内,主旋翼通过不同相位处的桨距差异提供不平衡的纠偏力矩。从振动控制设计的角度而言,每个周期内的不连续、不平衡作用力使直升机的主旋翼成为一个巨大的激振源,这对提高控制品质无益。俯仰和横滚通道的自动倾斜器决定了主旋翼桨距在一个周期内的变化行为。对俯仰或横滚通道而言,纠偏力矩只在主桨的每个旋转周期的特定位置达到极值,而直升机主桨的转速较低,导致纠偏力矩的响应迟缓,对于给定的参考输入,该控制通道的跟踪误差难以及时消除,而振动引起的测量噪声和角度突变对精确控制都会产生不利的影响。

5）安全冗余度

直升机由单个主旋翼提供全部升力,对主旋翼的稳定性和寿命提出了较为严苛的要求。一旦主旋翼发生故障,直升机将无法克服重力而坠落。对于多旋翼无人机而言,即使一至两个旋翼损坏,理论上只要单个螺旋桨的动力充足,飞行器的俯仰和横滚姿态角及高度稳定性就可以保证,因此,整个系统有极高的安全冗余度。

通过以上 5 个方面的对比,不难发现,直升机自身的桨叶驱动原理决定了其在姿态控制品质上无法与多旋翼无人机匹敌,故倾斜摄影测量系统的搭载平台一般选择多旋翼无人机。

2. 有效任务载荷的选择

有效任务载荷是倾斜摄影测量过程中的重要组成部分,倾斜摄影中最常用的任务载荷是多镜头的可见光数码相机。目前,多镜头的可见光数码相机包括单镜头、双镜头、三镜头、四镜头、五镜头,甚至是九镜头,多镜头相机的数据采集方法也各不相同,如旋转式、摇摆式、一次曝光式等,多镜头相机所做出来的模型效果和质量也参差不齐。所以,如何选择倾斜摄影镜头成为一个问题。

考量倾斜摄影相机的硬件指标如下。

1）单相机像素

单相机像素决定了倾斜摄影相机单角度数据的采集能力,根据倾斜摄影相机使用单相机的不同,其像素大小也不同,目前,行业内的主要单相机像素有 2010 万、2430 万、3640 万、4240 万等。

2）相机总像素

五镜头相机计算五个朝向相机合计的像素总数,双镜头等相机按照曝光模式决定总像素,例如,双镜头旋转式曝光,一组拍摄 4 张,则按照单相机像素×4 计算总像素,双镜头摇摆式曝光,一组拍摄 6～8 张,则按照单相机像素×(6～8)计算总像素。

3）画幅大小

数码时代的不同画幅指的是各种大小的传感器在同样高度且使用同样焦距的镜头进行航

摄,画幅越大,所能采集到的地面面积越大。不同镜头数的倾斜摄影相机,在画幅参数上可做选择。

4)镜头焦距

无人机航测的相机镜头焦距一般是调焦到无穷远,镜头长焦距可以保证无人机挂载下几百米航高仍然能够获取高分辨率的地面影像。倾斜摄影相机的镜头焦距多采用 10.4 mm、16 mm、25 mm、35 mm、50 mm 等,一般推荐定焦为 25 mm、35 mm、50 mm 的镜头,此类镜头适合多环境、大场景的倾斜航测。

5)整体重量

倾斜摄影相机的单相机数量越少,整体重量越轻,例如,双镜头对比五镜头,在产品重量上占一定的优势。现在市面上部分倾斜摄影厂商在单相机减重拆解上下了大功夫,投入了不小的研发力量。而对于双镜头相机,行业内在售的产品基本上对单相机都是没有进行拆解减重的,因此,除了单相机的重量,还需要计算双镜头相机电子云台的重量,包括结构重量和转子电机的重量。

6)建模效果

从建模效果来看,无论是摇摆式的双镜头,还是旋转式的双镜头,其朝向角均缺少下视镜头。缺少下视镜头使建筑间缝处等地物场景的地方缺少原始数据,导致在后期建模过程中的细节不足,出现空洞,而五镜头相机可以很好地规避这些问题。

除了以上相机硬件指标,倾斜摄影测量过程中任务载荷的选择还应综合考虑应用场景、作业环境、无人机平台有效载重等因素。

6.2　技 术 流 程

6.2.1　数 据 获 取

参照相关的技术规范标准,完成测区范围内倾斜航空影像数据获取工作,倾斜航空影像数据获取实施流程如图 6-3 所示。

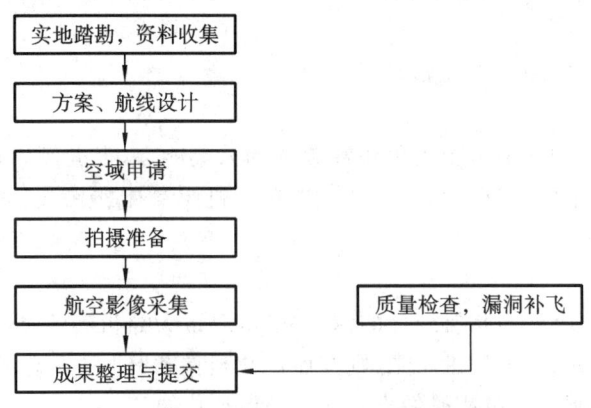

图 6-3　倾斜航空影像数据获取实施流程

1. 航摄基本要求及技术指标

根据测图需要提出的航摄要求,需向主管部门申请。经批准后,可制订航摄计划。根据实地勘察测区的地形特征和本公司摄影平台的特点,参照《1∶5000　1∶10000　1∶25000　1∶50000　1∶100000 地形图航空摄影规范》(GB/T 15661—2008)对测区航线进行合理设计,基本要求及技术指标如下。

(1)所获取影像为真彩色数字影像,分辨率按照要求确定。

(2)航线偏差。飞机在空中按照织布式进行穿梭飞行,航带间保持相对平行,航线飞行偏离设计航线距离不大于 50 m。

(3)航高保持。飞机保持固定高度,严格按照预设航线飞行,同一条航线上相邻相片的航高差不大于 20 m;最大航高与最小航高之差不大于 50 m;航摄区域内的实际航高与设计航高之差不大于 50 m。

(4)相片的重叠度。航向重叠度不小于 80%;旁向重叠度不小于 70%。

(5)分区航高。分区内的地形高之差不应大于四分之一相对航高;摄影基准面的高度,以分区内具有代表性的高点平均高程与低点平均高程之和的二分之一求得;航空摄影的绝对航高为摄影基准面的高度与相对飞行高度之和。

(6)摄区覆盖。航向覆盖超出摄区边界线不少于一条基线;旁向覆盖超出摄区边界线一般不少于像幅的 30%,以保证最边缘地区侧视影像不缺失。

(7)影像质量。获取的测区相片应影像清晰、反差适中,彩色色调柔和、鲜艳。

(8)漏洞补摄。对各种原因获取的不合格航片(航摄漏洞)要及时补飞,漏洞补摄按原设计航迹进行。

2. 航高确定

数码航空摄影的地面分辨率(GSD)取决于摄影航高(任务飞行高度),按照式(6-5)可求得相应地面分辨率的摄影航高。

$$摄影航高 = \frac{镜头焦距 \times GSD}{像元尺寸} \tag{6-5}$$

3. 飞行平台选择及航摄时间要求

飞行平台一般采用多旋翼,不同航高重复飞行,保证重点区域的模型更精细化。

航空影像的质量对航摄飞行的时间有一定的要求,航摄时间受天气条件制约。具体要求如下。

(1)水平能见度大于或等于 8000 m,垂直能见度大于或等于 5000 m。

(2)阴天多云为佳,晴天次之。雨雪天气、暴雨天气均不适合飞行作业。

(3)风速小于或等于 3 级。

(4)气流相对稳定。每天的正午气流相对较强,对飞行安全不利,同时也对影像质量影响较大。

(5)选择适当的航摄时间,既要保证具有充足的光照度,又要避免过大的阴影,一般对于摄区的太阳高度和阴影倍数要求如表 6-1 所示。

表 6-1　太阳高度和阴影倍数

地形类别	太阳高度/(°)	阴影倍数
平地	＞20	＜3
丘陵地和小城镇	＞30	＜2
山地和中等城市	≥45	≤1
高差特大的陡峭山区和高层	限在当地正午前后 1 h	＜1
建筑物密集的大城市	内摄影	—

注：特殊情况根据测区地形和季节天气条件具体设定航摄时间。

4.航线设计

通常情况下航线应按东西向或南北向直线飞行；特定条件下可根据地形走向与专业测绘的需要按南北向或沿线路中河流、海岸、境界等任意方向飞行。由于摄区是密集居民区，有部分线路地势平坦，部分线路地势起伏较大，为满足航摄测量要求，航摄测量区的具体设计参数要满足平行于摄区边界线的首末航线，一般敷设在摄区边界线上或者边界线以外，旁向覆盖超出摄区边界线，一般不少于像幅的 30%，确保目标摄区完全覆盖的要求。

5.相片控制点测量

1）相片控制点布设

(1)测区相片控制点可以采用网络差分 DGPS 技术施测，一般情况下均为平高点(在摄影测量过程中，既可以做平面控制又可以做高程控制的相片控制点)。

(2)选用的相片控制点的目标影像应清晰，易于判别和刺点。相片控制点应布设在航向及旁向重叠 5、6 张相片范围内，控制点要尽量共用。根据测区的地形条件，按区域网布设，区域网的大小一般控制在 8 航线、12 基线，在区域网的四周进行控制点的布设。一般情况下每平方千米 10 个点，尽量均匀分布。

(3)区域网之间的相片控制点应尽量选择在左、右航线重叠的中间，相邻区域网尽量共用。当测区范围受地形条件限制，有凸凹时，应在凸角处增补控制点。

(4)满足精度要求的点位均提供高程和平面坐标，每个测区至少有 2 个多余观测控制点，作为多余观测评价模型的坐标精度。

2）相片控制点测量与计算

(1)GPS 点位基本要求。

①应便于安置接收设备和操作，视野开阔，视场内障碍物的高度角不宜超过 15°。

②远离大功率无线电发射源(如电视台、电台、微波站等)，与其距离不小于 200 m；远离高压输电线和微波无线电信号传送通道，与其距离不小于 50 m。

③附近不应有强烈反射卫星信号的物件(如大型建筑物等)。

④交通方便，并有利于其他测量手段的扩展和联测。

⑤充分利用符合要求的已有控制点。

⑥选站时应尽可能使测站附近的局部环境(如地形、地貌、植被等)与周围的大环境保持一致，以减少气象元素的代表性误差。

(2)计算和限差要求参照《城市测量规范》(CJJ/T8—2011)和《卫星定位城市测量技术标准》(CJJ/T 73—2019)执行。

（3）相片控制点联测得到的坐标应及时在已有的较大比例尺的地形图上展点检查，防止出现粗差，确保下一个工序的三维模型生产能顺利进行。

3）相片控制点选刺

（1）相片控制点的判刺精度为 0.1 m，点位应选在影像清晰的明显地物点，一般可选在交角良好的细小线状地物交点、影像小于 0.1 m 的点状地物中心，以及地物拐角点或固定的点状地物上。弧形地物、有阴影、交角小于 30°的线状地物交叉点不得作为刺点目标。

（2）相片控制点应选用高程变化小的目标，相片控制点在各张相邻的及具有同名点的相片上均应清晰可见，选择最清晰的一张相片作为刺点片。

（3）相片控制点采用统一编号，平高相片控制点冠以"P"，并进行流水编号，如 P01，P02，…同一测区不得重号。

（4）每一个控制点刺点位置情况附加点位简要说明，刺孔影像、实地、略图说明要一致，并注明点号，选刺者、检查者应签名。

6.2.2　内业软件处理流程

外业航飞采集的数据一般使用 Bentley Context Capture（原 Smart3D）软件进行内业处理，通过不同的密集型算法实施空中三角测量任务和三维建模任务。

1. 数据预处理

外业航测得到影像数据后，首先检查影像和 POS 的对应关系，然后检查影像的质量。以五镜头倾斜摄影相机为例，相机有 1 个垂直镜头和 4 个倾斜镜头，由于在摄影的过程中，5 个相机所拍摄的角度和时间不一致，会出现光线的反差、强度等差异，影响三维建模的精度和效果，需要对影像进行匀光匀色处理。根据项目需求，用 COORD 软件进行坐标转换，如图 6-4 所示。

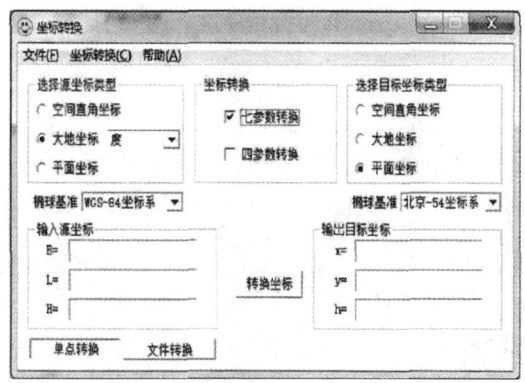

图 6-4　COORD 软件进行坐标变换

2. 空中三角测量计算

做好数据预处理工作后，导入影像数据并设置相应的参数，开始空中三角测量（空三）计算。倾斜摄影自动空三的具体流程如图 6-5 所示。

Bentley Context Capture 首先对垂直镜头和 4 个倾斜镜头得到的影像进行连接点自动匹配，对获取的特征点采用多像密集匹配技术自动匹配同名点，然后进行粗差检测，输入像控点

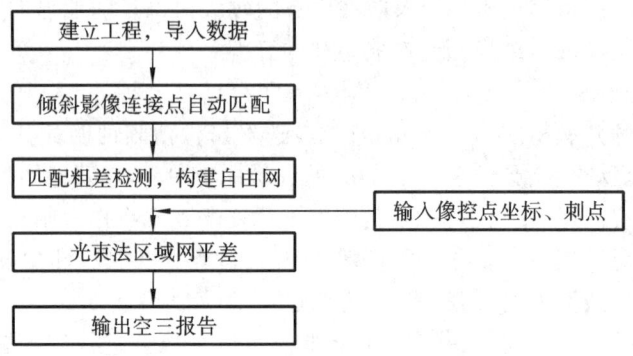

图 6-5　倾斜摄影自动空三流程

坐标,刺点后进行光束法区域网平差,根据平差结果进行反复调整,包括参数设置、像控点位置调整等,直到空三结果满足所需要求,最后输出空三报告,并支持空三结果(相片 POS 和点云位置)浏览,如图 6-6 和图 6-7 所示。

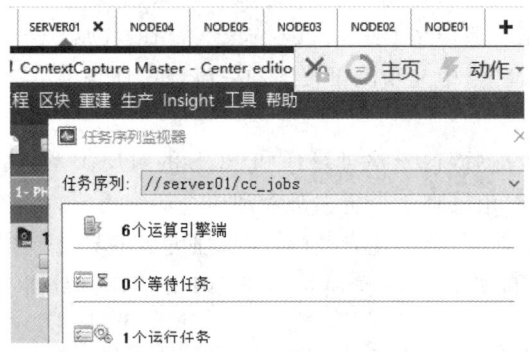

图 6-6　集群运行空三解算程序

图 6-7　空三结果浏览

3. 生成数字表面模型

数字表面模型可以最真实地表达地面起伏情况,是地理空间数据基础设施的重要组成部分。目前一般通过自动空三计算,依据解算出来的不同影像外方位元素,研究与筛选适当的影像匹配单元进行特征匹配和逐个像素级的密集匹配并获得高密度点云数据,然后进行滤波处理,将不相同的匹配单元进行融合,从而生成统一的数字表面模型。

在空三精度满足要求且查看空三关系模型无明显错误后,可以进行三维模型计算,并设置模型的空间参考系统。Smart3D Capture 系统的三维重建过程基于瓦片技术,根据数据的大小进行分瓦,一般选择规则平面方格分瓦。完成模型的生产后,打开 3D view 查看生成模型的结果,如图 6-8 和图 6-9 所示。

图 6-8 影像全景

图 6-9 局部摄影结果

在倾斜摄影三维模型的基础上,可进行地形分析、土方测量、距离量算等业务,如图 6-10～图 6-12 所示。

图 6-10　地形分析

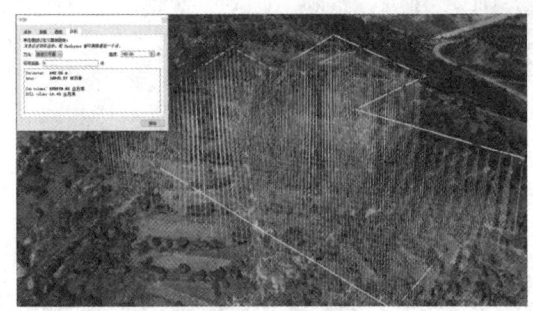

图 6-11　土方测量

图 6-12　距离量算

6.3　倾斜摄影测量地表三维模型应用案例

　　江苏省测绘研究所通过倾斜摄影测量获取某重点区域 0.1 m 分辨率影像并进行三维建模,选用 md4-1000 四旋翼小型无人机(无人飞行器)及 Bentley Context Capture 软件,以某枢纽地区作为试点对象,进行倾斜摄影与三维建模。采取的总体技术路线如图 6-13 所示。

　　md4-1000 四旋翼小型无人机系统如图 6-14 所示。

　　md4-1000 四旋翼小型无人机是全球领先的垂直起降小型自动驾驶无人飞行器,可用于执行侦察、监视、搜索、协调指挥、通信、空投等多种空中任务。md4-1000 拥有更大的任务载荷,更强的抗风能力,更长的续航时间,更优秀的姿态控制,也是目前全世界最大型的四旋翼无人机飞行系统。其技术数据如下。

　　爬升速率:7.5 m/s。

　　巡航速度:15.0 m/s。

　　机身自重:2650 g。

　　任务载荷:2000 g(最大)。

　　机身尺寸:1030 mm(对角电机轴距)。

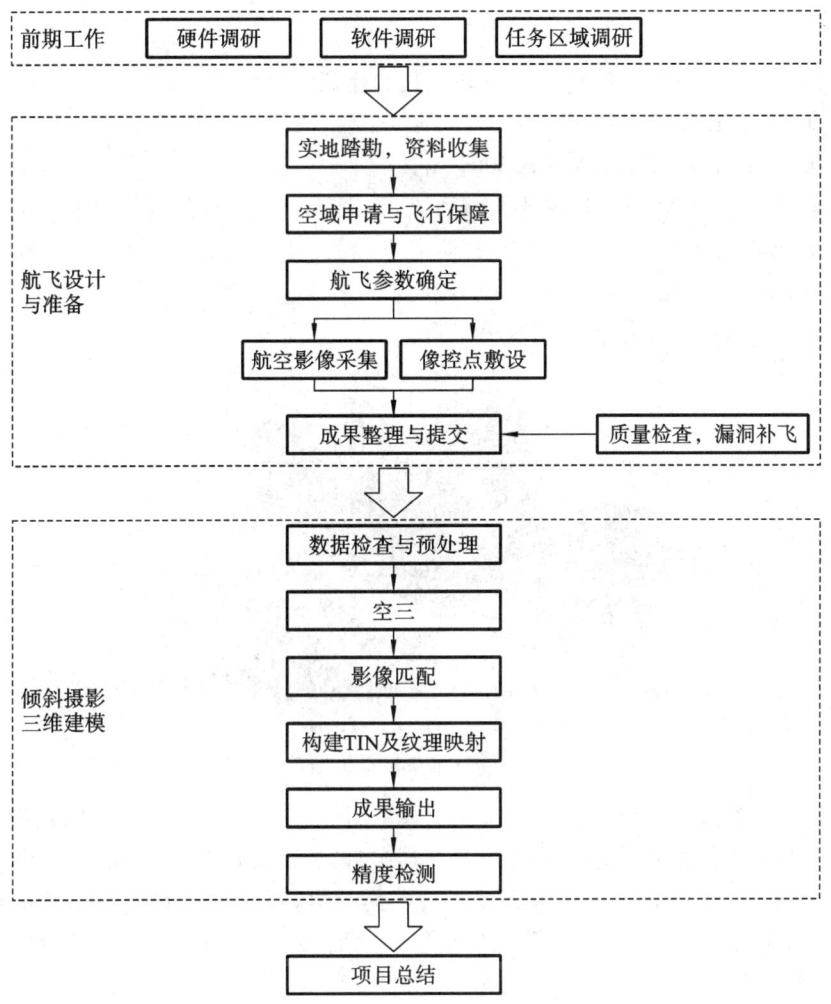

图 6-13 总体技术路线

图 6-14 md4-1000 四旋翼小型无人机系统

环境温度:-30~40 ℃(电池除外)。

工作湿度:<80%。

抗风能力:<12 m/s。

飞行半径:3000 m(基于 Waypoint 自动驾驶的建议安全距离)。

飞行高度:1000 m(基于 Waypoint 自动驾驶的建议安全高度)。

工作海拔:平原型 3000 m,高原型 5000 m。

无人机搭载的平台是五镜头倾斜摄影系统,如图 6-15 所示,其具体参数为:2010 万像素 APS-C 画幅数码相机×5;25 mm 机械式手动定焦镜头(正摄角度)×1;35 mm 机械式手动定焦镜头(倾斜角度)×4。可地面遥控或自动控制同时拍照。5 部相机可一键同时开机、一键同时读取照片数据。全碳纤维结构专用自稳平台。

图 6-15　五镜头倾斜摄影系统

地面站系统如图 6-16 所示,包含了满足美国军用标准的三防工作站计算机、数字通信和视频处理系统。处理器采用英特尔® 酷睿™ i5-520M,具有优异的处理性能,可编译从各种信息设备获取的智能信息。结合超高屏幕亮度和防反射技术,保证了在日光直射下的可视性。采用背光键盘,保证在夜间环境下仍然可以方便操作地面站工作。配置定制的军用级 I/O 接口,使 I/O 接口完全符合军用标准。通过美军标 MIL-STD-810G、MIL-STD-461F 和 IP65 认证。全镁铝合金机壳,在高温、寒冷、多尘及雨天等严苛环境条件下也能操作,具有良好的抗摔落性,即使经过粗暴的运输也不影响使用。

图 6-16　地面站系统

软件系统 mdCockpit 座舱仪表软件集成了飞行规划、飞行监控、飞行数据分析等多种功能于一体。除规划飞行航线之外，还可以设定多种拍摄计划，例如，定点 360°全景拍摄，围着定点目标进行环绕拍摄，沿飞行航线定距、定点拍摄。内置的解码器可以实时接收并显示飞行器的各种飞行数据，包括电池电压、坐标、高度、方向、姿态、飞行时间、飞行速度、飞行路径、距起飞点的距离、环境温度、风速、电机工作状态、遥控器信号强度、GPS 状态等重要信息。飞行数据回放系统能够同步保存所有的飞行数据，用于航后的数据分析。在人工遥控飞行模式下，只要系统装有当前作业区域电子地图或影像地图数据，就能够实时显示飞行器在地图上的位置。

6.3.1　航线规划

mdCockpit 的航点编辑器通过航点规划文件(.mwp)来规划航线。这些文件包含规划中飞行区域的地图资料信息及一条或者多条航线。在规划范围内创建的飞行航线可以上传到飞行器中。由此飞行器就会被程序化，执行所选的自驾飞行航线。

把飞行器连接到计算机，航点编辑器将自动读取飞行器的参数，并自动调整所连接飞行器的所有设置，这保证了上传到所连接飞行器的程序都是正确的。在这种情况下，用户不能更改航点版本，因为这些设置都是正确的。

设置新规划的大概步骤如下。

(1)确定目标点经纬度坐标。

(2)导入谷歌地图。

(3)设定航线规划的基本属性(如航线类型、自动校正地形问题、航点上的相机控制、相机类型、初始水平速度等)。

(4)通过逐步创建航点的方式进行航线规划。

(5)复查航线，确认无误后把航线文件保存到硬盘，并上传航线。

根据以上步骤，规划该枢纽地区约 500 m×500 m 的飞行范围路线，如图 6-17 所示。

图 6-17　规划路线

航线规划应注意以下几点。

(1)由于某些原因,谷歌地图提供的中国境内的地图精度并不是很高,在规划航线时,如果遇到障碍物,就一定要保证好安全范围。对于大楼等障碍物来说,这个安全范围大概是楼的高度的两倍。

(2)最新版本的航点编辑器有"自动校正地形问题"的功能,允许飞行器在沿地表飞行时保持一致的对地高度,而软件计算的地表高度采用的是美国宇航局提供的地形数据,所以这里有可能因为地形数据的不同步带来飞行器触地等风险,建议慎重启用该功能。

(3)规划好航线后一定要在谷歌地图上进行正确性验证,以防止规划的区域跟实际区域不一致的情况。

(4)上传航线时注意软件右下角的"上传成功"提示,如果提示上传出现问题,则要重新上传。

(5)注意飞行器通电后的异响,特别是从未搜星到搜星阶段是否有异响,因为这关系到所传的航线是否可以被执行。

6.3.2 飞行实施

在飞行前,工作人员应进行实地勘测。由于该枢纽车流量较大,为保证安全,外业飞控手在进行飞行时,应严格执行以下具体步骤。

(1)团队飞行前看好飞行区域多大,查找起降场地,制定航线。

(2)到达目的地后要现场勘察地形,有无高耸建筑等障碍物,有无高压线等不利于飞行的因素。

(3)飞行前检查地面站所做的工作是否符合要求。

(4)与地面站沟通目标点的方向、距离、角度。

(5)检查飞行器(如螺钉是否松动,各个部位插头是否严紧,电机转动是否正常,桨叶是否磨损,电机垫是否磨损)。

(6)打开遥控器,检查遥控器各个通道参数及电量(遥控器各个通道的按钮要归位)。

(7)绑上电池并通电,校准地磁(模式切换通道来回 5 次,LED 灯变蓝灯;机身水平顺时针旋转 360°后蓝灯变绿灯;机头朝下顺时针旋转 360°后绿灯变红紫相间灯)。

(8)等待 30 s 后拔掉电池,并等待地面站做好工作准备。

(9)地面站准备完毕后通电,等待地面站连接,地面站连接完毕后给相机通电,等待地面站测试曝光,等待的过程中可检查相机各个参数是否正确,然后拿掉相机盖,确定相机通电后应报告"相机已通电,可以测试曝光"。

(10)测试曝光分为 3 次,每一次曝光完都要汇报地面站测试有无反应。

(11)相机曝光结束,等待地面站同意起飞的指令(等待的过程中可再检查一遍电机、桨叶、飞行器构造、平衡,起飞前的 md4-1000 无人机如图 6-18 所示)。

(12)当地面站同意起飞后,启动飞行器,油门微微往上推一点,在地面上试试方向和感度,如果没问题,则上推油门起飞,根据地面站要求到达目标点。

(13)要时刻盯着飞行器在天空中的状态(地面站会报电压距离、高度信号)。

(14)航线结束后等待地面站发出可以切换手动的指令,收到指令后切换飞行器 GPS 姿态模式,然后手动把飞行器降落下来(降落到地面时留意周围的人群,与他们保持一定的安全距离)。

图 6-18　起飞前的 md4-1000 无人机

(15)安全降落后马上给飞行器断电,如果需检查照片,则可以先不断电,但要与人群保持安全距离。拔掉电池后需记录电池使用一次。

(16)如果需继续下个航线,就从第(10)条再次做起。

(17)飞行工作结束后给相机盖上相机盖,套上桨套,收起机臂,整理完飞行器后放入箱子里。离开场地之前检查有无遗漏物品。

(18)第二天继续飞行需给电池充电。工作整体结束后需给电池做保养,电池的存储电量应该在 65%。

(19)看照片质量如何,避免漏片,有模糊片。

(20)检修飞行器,及时更换磨损的部件。

通过 1 个架次的飞行,项目组共获取了 5 个方向的影像数据(1 个正摄、4 个倾斜),共计 1075 个文件,如图 6-19 所示。

图 6-19　影像数据属性信息

具体参数如下。

图像:共 1075 张,8.47 GB;每张图像的像素为 5456×3632,共计约 213 亿像素。

无人机:md4-1000 四旋翼小型无人飞行器。

相机:5 个 SONY ILCE-QX1。

焦距:倾斜相机 35 mm、正摄相机 25 mm。

曝光时间:1/1600 s。

6.3.3　内业处理

三维建模是通过 Bentley Context Capture 软件进行处理的。根据总体技术路线,倾斜摄影三维建模包括数据检查与预处理、空三计算与影像匹配、模型计算等步骤。

1.数据检查与预处理

项目组对获取的影像数据从地面分辨率、清晰度、重叠度、编号等方面进行检查,确认无误后进行下一步数据预处理。

2.空三计算与影像匹配

在 Bentley Context Capture 软件中新建工程,导入所有图像,并输入基本参数,如图 6-20 所示。

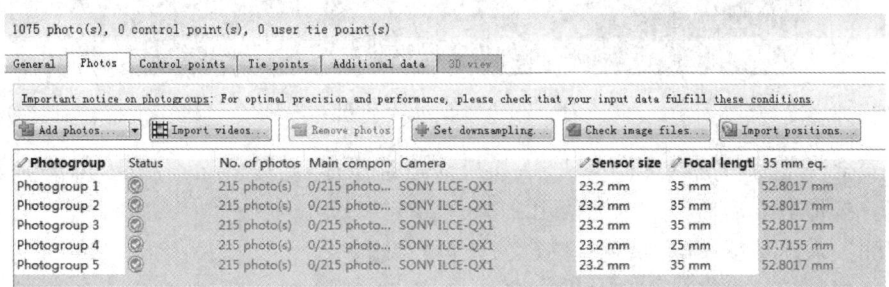

图 6-20　导入图像

经空三计算,得到的结果如图 6-21 所示。

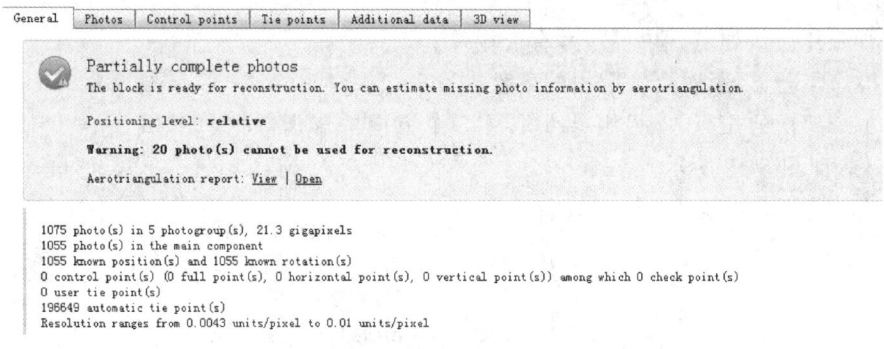

图 6-21　空三计算结果

在去除个别无法计算的图像后,可得到各个相机计算后的参数,如图 6-22 所示。

图 6-23 是经空三计算后相机位置预览图。

在空三阶段,系统会根据高精度的影像匹配算法,匹配出所有影像中的同名点,并从影像中抽取更多的特征点构成密集点云。

3.模型计算

由于数据计算量较大,可根据工作站内存情况划分 24 个区域单独进行计算,划分后的计算分块示意图如图 6-24 所示。

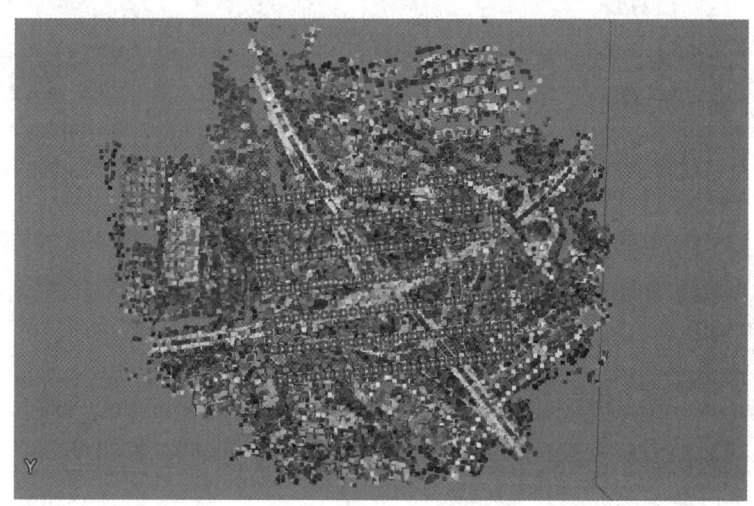

图 6-22　各个相机计算后的参数

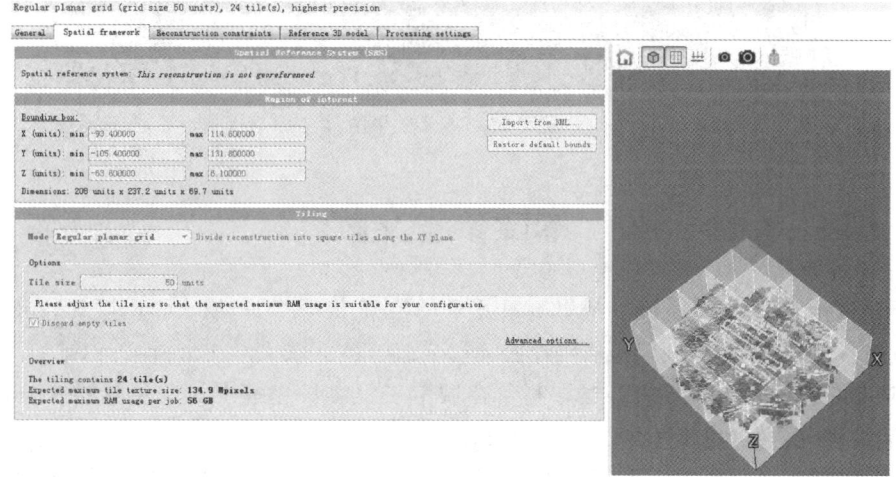

图 6-23　经空三计算后相机位置预览图

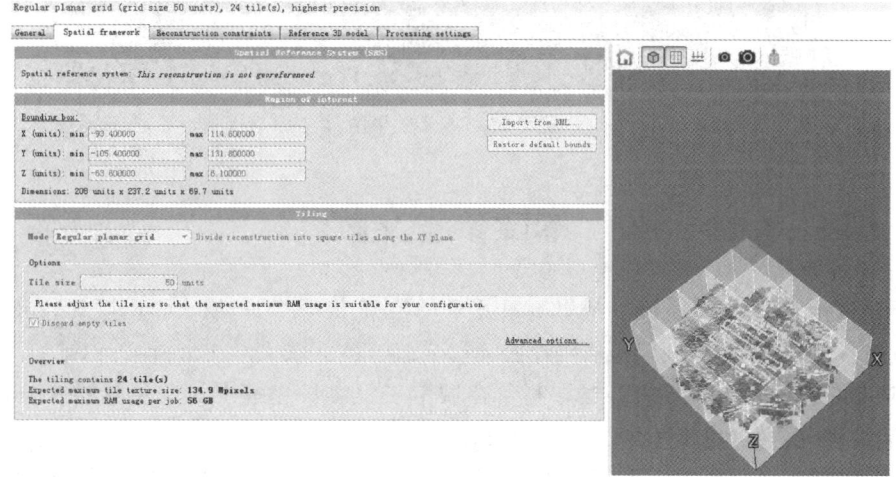

图 6-24　计算分块示意图

得到的模型效果图如图 6-25 所示。

得到的点云效果图如图 6-26 所示。

图 6-25　模型效果图

图 6-26　点云效果图

本章参考文献

[1]　王园园,鲍新雪.无人机倾斜摄影测量技术[M].武汉:中国地质大学出版社,2023.

[2]　刘仁钊,马啸.无人机倾斜摄影测绘技术[M].武汉:武汉大学出版社,2021.

[3]　刘晓菲,房华乐.无人机倾斜摄影测量在城市三维实景建模中的应用及精度分析[J].城市建设理论研究(电子版),2023,(4):119-121.

[4]　王蒙.倾斜摄影测量用于1:500测图技术研究[J].测绘与空间地理信息,2018,41(11):181-184.

[5]　王小维,吴玉娟,刘全海.无人机倾斜摄影技术设计优化与成果精度分析[J].城市勘测,2023,48(6):86-92.

[6]　吕朋超,李海洋,江岭,等.多维度建筑物单体模型构建方法[J].测绘通报,2025,(2):1-6.

［7］　裴海涛.基于无人机倾斜摄影测量的大比例尺地形图测绘方法［J］.中文科技期刊数据库
　　　（全文版）工程技术,2021,(1):274-275.

［8］　毛正君,于海泳,梁伟,等.基于无人机倾斜摄影测量三维建模的区域黄土滑坡识别及特
　　　征分析［J］.中国地质,2024,50(2):561-576.

第 7 章　基于 InSAR 的地面沉降监测技术

7.1　概　　述

　　传统的地面沉降监测主要采用的是全球定位系统(Global Positioning System,GPS)观测、精密水准观测及地下精细观测(如基岩标、分层标等)的方法。从 20 世纪 20 年代至今,传统的地面沉降监测已为防治城市地面沉降灾害提供了丰富的地质资料数据。但传统的沉降监测手段(如精密水准测量、GNSS 测量、三角高程测量和数字摄影测量等)工作量大、周期长、速度慢、成本高、效率低,且具有离散性,不适用于快速发展区域的大面积沉降监测。

　　合成孔径雷达(Synthetic Aperture Radar,SAR)是一种主动式的对地观测系统,可安装在飞机、卫星、宇宙飞船等飞行平台上,能够全天时、全天候对地实施观测,并具有一定的地表穿透能力。因此,SAR 系统在灾害监测、环境监测、海洋监测、资源勘查、农作物估产、测绘和军事等方面的应用上具有独特的优势,可发挥其他遥感手段难以发挥的作用,因此越来越受到世界各国的重视。

　　合成孔径雷达干涉(Interferometric Synthetic Aperture Radar,InSAR)技术是最具潜力的空间对地观测技术之一,是对 SAR 技术的一种扩展,其工作原理是两颗 SAR 卫星利用 SAR 对相同地区拍摄两幅影像,承影面即为卫星将要拍摄影像的目标区域,如图 7-1 所示。两颗卫星分别对同一目标区域发射具有周期性且频率相同的电磁波,经过干涉处理,就会得到包含目标区域地形信息的干涉条纹图,如图 7-2 所示。通常,原始干涉条纹中的平地效应会掩盖地形

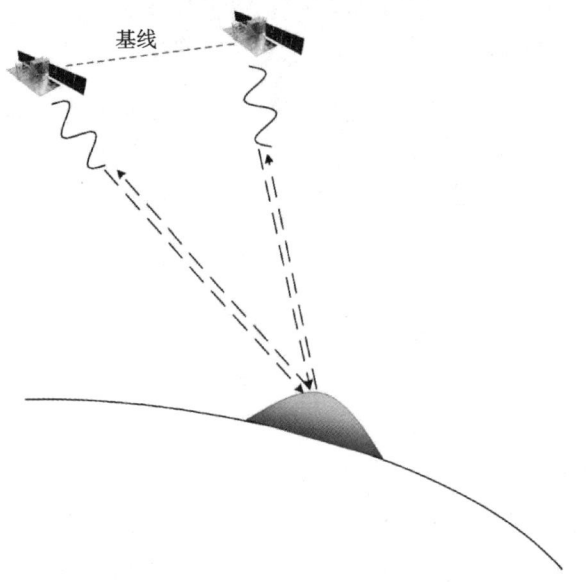

图 7-1　合成孔径雷达干涉测量示意图

信息,去除干涉条纹图中的平地效应,便可获得仅包含地形信息的干涉条纹图,如图 7-3 所示。干涉条纹中包含了地形信息,此处一个条纹变化包含了 50 m 左右的高程变化。

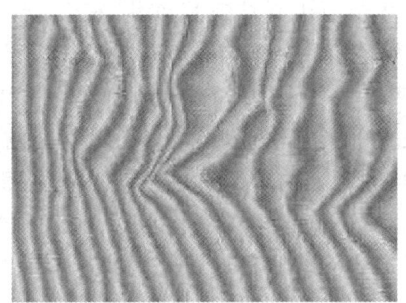

图 7-2　干涉条纹图

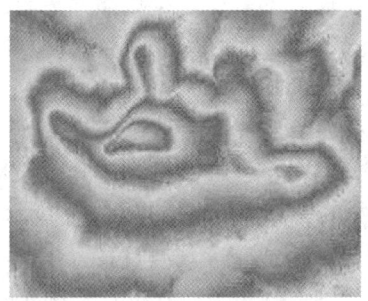

图 7-3　包含地形信息的干涉条纹图

7.2　技 术 方 法

7.2.1　D-InSAR 技 术

InSAR 技术利用两幅合成孔径雷达复图像中的相位信息获取大范围、高精度的地表三维信息和地表形变信息,使得从空间对全球地表进行长时间序列的监测成为可能。在 InSAR 技术的基础上,发展的合成孔径雷达差分干涉(D-InSAR)技术能够获取短时间内微小的地表形变信息。该技术主要用于获取地表形变信息,具有全天时、全天候、覆盖范围广、观测成本低等优点,成为形变监测领域最具潜力的新技术之一。D-InSAR 技术作为一种新的形变监测手段,非常适合我国幅员辽阔、自然条件复杂的情况,它所获取的不是离散点上的形变信息,而是大面积连续的信息,能够更好地反演地表形变信息。D-InSAR 技术与传统的 GPS 测量、水准测量这些基于离散点的形变监测技术相比,有其自身探测形变的特点和长处,主要表现在以下几个方面。

1. 精度高

D-InSAR 技术采用相位测量地表形变,当地表形变在雷达视线方向的分量达到半波长时,就会使干涉相位产生整周跳变,表现在干涉图中就会出现一条完整的干涉条纹。由于雷达波长通常为厘米级,因此,D-InSAR 技术至少可探测到厘米级的地表形变,理论上甚至可监测到毫米级的地表形变,这为 D-InSAR 技术提供了广阔的应用前景。

2. 监测范围广

目前获取干涉数据的雷达主要以卫星或飞机作为搭载平台,它的特点是飞得高、视域广、监测范围大,一次就可监测地表上百平方千米的范围,并且获取的是整个监测范围内所有分辨单元的形变量,由此可分析地表在区域上的总体形变情况,即区域地表形变场。GPS 测量和水准测量只能获得地表一些离散点的形变信息,如果要获取面上的形变量,就需要大量的地表测量工作和内插计算工作,且获得的面上的形变量也只是内插估值。

3. 监测连续性

雷达按一定的时间间隔对地表同一目标进行周期或非周期的长期观测,数据更新快,数据量丰富,可监测地表目标在时间序列上的连续形变过程。

4. 安全性

通过 D-InSAR 技术监测地表形变不需要直接接触地表目标,即使发生各种灾害也可对地表进行观测,而 GPS 测量或水准测量需要测量人员到现场工作,对某些形变(如滑坡、火山等)的监测来说,这样的工作是极其危险的。尤其是对火山的监测,常规测量工作几乎无法实施。

将 D-InSAR 技术与 GPS 技术、精密水准测量技术等其他研究手段和测量方法相结合,综合分析区域环境地质条件和社会经济发展状况,有利于地表沉降调查的准确、快速、定量评价。因此,利用 D-InSAR 技术对地表沉降监测,不仅可以降低成本,而且可以实时、动态监测图像覆盖范围内连续的地表沉降位移量,弥补离散点测量技术空间分辨率低的缺点,具有很高的应用价值。表 7-1 为 D-InSAR 技术与 GPS 技术、精密水准测量技术的比较。

表 7-1　D-InSAR 技术与 GPS 技术、精密水准测量技术的比较

比较指标	D-InSAR 技术	GPS 技术	精密水准测量技术
监测范围	大范围	一定区域	一定区域
时间分辨率	周期性	近连续性	周期性
空间分辨率	全球覆盖、连续性	区域覆盖、离散性	区域覆盖、离散性
定位能力	提供相对坐标	提供绝对坐标	无
观测量	一维	三维	一维
观测值	点、线、面信息	点、线信息	点、线信息
精度	毫米	亚毫米	毫米
作业条件	全天候	全天候	根据天气
成本	较低	较高	高

7.2.2　时序 InSAR 技术

在长时间的地表形变监测中,D-InSAR 技术受到了时间和空间几何失相干及大气等诸多因素的干扰,大大地限制了其进一步发展。

而时序 InSAR 技术通过对多幅 SAR 数据进行建模分析,能够有效地克服 D-InSAR 的这些问题,成为近些年来的热点。常用的时序 InSAR 技术包括永久散射体 InSAR(Persistent Scatterers InSAR,PS-InSAR)技术、小基线集 InSAR(Small Baseline Subsets InSAR,SBAS-

InSAR)技术等。前者能够有效地提取非线性形变,并消除大气相位等因素的影响,后者可以显著地增加相干影像对的数据量,解决时间失、空间失相关和大气效应等因素对 InSAR 的影响。

1. PS-InSAR 技术

PS-InSAR 技术最早由意大利学者 Ferretti 于 1999 年提出,它通过对 SAR 时间序列影像中的稳定高相干 PS 点进行提取,反演得到精确的地表形变,能够有效地避免相位失相干等因素对干涉的影响,最终获得毫米级高精度的地表形变速率成果。在 PS-InSAR 分析中,可作为永久散射体的点(PS 点)的地物通常有裸露的岩石、人工建筑物等稳定的点,同时根据需求,可人工布设角反射器作为 PS 点。这些 PS 点目标通常具有非常强的反射信号,在较长的时间域内依然能保持相对稳定的散射性,因此能够在 SAR 强度图上具有较高的识别度。PS-InSAR 技术利用这些分散的 PS 点,可获取稳定、可靠的相位信息。PS-InSAR 技术以解决干涉失相干和大气影响为出发点,Ferretti 等人曾成功地利用意大利 Ancona 地区的 34 景 ERS SAR 影像开展滑坡监测。

PS-InSAR 技术形变解算核心方法是对 PS 点差分干涉相位进行时序分析,从而提取形变信息。设有 N 幅同一地区、不同时相的 SAR 影像,首先通过时空基线和多普勒中心偏移等因素确定超级主影像,然后对时序干涉组合进行差分干涉处理,得到基于 PS 点的差分干涉相位。差分干涉相位中主要以形变相位为主,对形变相位和地形残差相位进行展开

$$\phi_{\text{diff}} = \frac{4\pi B_\perp}{\lambda R \sin\theta}\Delta h + \frac{4\pi}{\lambda}vT + \phi_{\text{res}} \tag{7-1}$$

式中,Δh 代表高程误差;v 代表线性形变速率;T 代表干涉对时间基线;ϕ_{res} 代表非线性形变、参考椭球误差、地形误差、大气延迟及噪声等残余相位。

1)线性形变提取

PS-InSAR 采用不同的方法分别对线性形变和非线性形变进行分离提取。针对线性形变,PS-InSAR 根据差分干涉相位与空间垂直基线及时间基线的线性函数关系,建立二维线性形变模型,并在时间域采用迭代回归分析提取线性形变。由于差分干涉相位中误差的存在,PS-InSAR 采用邻域差分建模方法,对相邻两 PS 点差分干涉相位进行差分,将一点的二维线性形变模型转化为邻域两点间的差分模型,同时削弱空间高相干的大气延迟相位和轨道误差对形变提取的影响。对于任意干涉对中有 i 和 j 两个相邻 PS 点,假设以点 i 为参考点,可建立 i、j 邻域点二维线性形变模型

$$\Delta\phi_{\text{diff}}^{i,j} = \frac{4\pi B_\perp}{\lambda R \sin\theta}\Delta h^{i,j} + \frac{4\pi T}{\lambda}\Delta v^{i,j} + \Delta\phi_{\text{res}}^{i,j} \tag{7-2}$$

式中,$\Delta\phi_{\text{diff}}^{i,j}$ 代表点 i 和 j 之间的干涉相位差;$\Delta h^{i,j}$ 代表点 j 相对点 i 的高程误差增量;$\Delta v^{i,j}$ 代表点 j 相对点 i 的线性形变速率增量;$\Delta\phi_{\text{res}}^{i,j}$ 代表点 j 和点 i 之间的残余相位差。

在实际的 PS-InSAR 数据处理过程中,以影像中心位置选取的某个高质量 PS 点为参考点,将该参考点作为起始点,根据邻域点二维线性形变模型对其余 PS 点进行时间域迭代回归分析,反复从残余相位中估算形变速率增量改正和高程改正,并对形变相位和高程相位进行更新,最终得到所有 PS 点相对于参考点的最佳拟合高程误差增量和线性形变速率增量。

2)非线性形变分离

迭代回归分析提取线性形变和高程改正后,残余相位主要包含非线性形变相位、大气延迟

相位及少量的随机噪声。PS-InSAR 方法根据各残余相位在时间域和空间域不同的频率特征上对残余相位进行滤波,分离出非线性形变相位。在空间上,非线性形变相位和大气延迟相位均表现为低频信号,随机噪声表现为高频信号;而在时间上,非线性形变相位表现为低频信号,大气延迟相位和随机噪声表现为高频信号。因此,在空间域对残余相位进行低通滤波去除随机噪声,剩下非线性形变相位和大气延迟相位。而后,对去除噪声后的残余相位进行时间域低通滤波,将大气延迟相位与非线性形变进行分离,提取非线性形变。

将线性形变和非线性形变解算结果进行叠加,即可得到 PS 点目标形变相位时间序列和高程误差。

2. SBAS-InSAR 技术

SBAS-InSAR 技术由 Berardino 在 2002 年提出。SBAS 技术首先是将所有 SAR 数据根据空间基线与时间基线阈值组合成小基线集,使得各子集内 SAR 数据基线较短,在每个子集中利用最小二乘法进行计算,对各子集间利用奇异值分解法(Singular Value Decomposition,SVD)进行处理,最终获取整个时间序列上的形变信息。2006 年,Casu 等人利用 SBAS-InSAR 技术成功获取意大利 Naples 湾和美国洛杉矶的地表形变规律,将该结果与人工水准测量结果对比发现,两者监测结果基本吻合。

SBAS-InSAR 技术通过对基线较短的 SAR 影像对进行自由组合,得到一系列时间序列干涉图子集,然后通过矩阵奇异值分解法,将多个短基线集联合起来求解各数据集之间空间基线过长导致的时间不连续问题。这种方法可以提高雷达监测的时间分辨率,从而得到目标区域的形变序列和平均形变速率。

SBAS-InSAR 技术的形变解算核心算法与原理如下。

当已有目标区域不同时刻 t_0、t_1、$\cdots$、t_n 的 $N+1$ 幅雷达影像,选取其中一幅作为主影像,并将其他影像与主影像配准,生成的多视差分干涉数量为 M,则数量 M 满足

$$\frac{N+1}{2} \leqslant M \leqslant N\left(\frac{N+1}{2}\right) \tag{7-3}$$

时刻 t_a 和 t_b 影像干涉生成的第 i 幅($1 \leqslant i \leqslant M$)干涉图上的任意点$(x, y)$的干涉相位可以表示为

$$\delta\phi_i = \phi_b - \phi_a \approx \frac{4\pi}{\lambda}(d_b - d_a) + \Delta\phi_{\text{topo}} + \Delta\phi_{\text{ASP}} + \Delta\phi_{\text{noise}} \tag{7-4}$$

式中,λ 表示信号的中心波长;d_b 表示时刻 t_b 相对时刻 t_0 的雷达视线向形变量;d_a 表示时刻 t_a 相对于时刻 t_0 的雷达视线向形变量;$\Delta\phi_{\text{topo}}$ 表示差分干涉图中的残余相位,若 DEM 精度较高,可以去除地形相位,则残余相位较小,可忽略;$\Delta\phi_{\text{ASP}}$ 表示大气延迟相位;$\Delta\phi_{\text{noise}}$ 表示去相干噪声。如果不考虑大气延迟相位、残余地形相位和噪声相位,则上式可简化为

$$\delta\phi_i = \phi_b - \phi_a \approx \frac{4\pi}{\lambda}(d_b - d_a) \tag{7-5}$$

干涉图上任意点 Q 的时间序列形变量所对应的相位值用向量可以表示为

$$\boldsymbol{\phi}_Q = [\phi(t_1), \phi(t_2), \cdots, \phi(t_n)]^{\mathrm{T}} \tag{7-6}$$

若 IE$=[\text{IE}_1, \text{IE}_2, \cdots, \text{IE}_M]$表示干涉图的主影像时间序列,IS$=[\text{IS}_1, \text{IS}_2, \cdots, \text{IS}_M]$表示生成干涉图的从影像时间序列,差分干涉图集相位可表示为

$$\delta\phi_i = \phi(t_{\text{IE}_i}) - \phi(t_{\text{IS}_i}) \tag{7-7}$$

即

$$A\phi = \delta\phi \tag{7-8}$$

式中，A 表示 $M \times N$ 矩阵，若 $M \geqslant N$，则在最小二乘约束下，可用矩阵形式表示为

$$\varphi = (A^T A)^{-1} A^T \delta\phi \tag{7-9}$$

通常情况下，根据阈值将时序 SAR 数据分为多个小基线集合时，$M < N$，此时矩阵 A 秩亏，矩阵 $A^T A$ 为奇异矩阵，可利用矩阵的奇异值分解方法求出最小范数意义上的最小二乘解。

若有 L 个小基线集，则 A 的秩为 $N+1-L$，A 无穷解，此时需要引入奇异值分解，得到最小范数上的最小二乘解。对矩阵 A 进行奇异值分解得到

$$A = USW^T \tag{7-10}$$

式中，U 表示 $M \times N$ 矩阵，其由矩阵 AA^T 的特征向量 u 组成；S 表示 M 阶对角阵，其对角线值由矩阵 AA^T 的特征值 λ 组成；W 表示由矩阵 AA^T 的特征向量 w 组成的 N 阶正交阵。假设 R 表示矩阵 A 的值，则矩阵 $A^T A$ 的前 R 个特征值非零，$M-R$ 个特征值为零。设 A^+ 表示 A 的伪逆矩阵，则

$$A^+ = \sum_{j=1}^{R} \frac{1}{\sqrt{\lambda_j}} w_j u_j \tag{7-11}$$

通过最小二乘法可得到 ϕ 的估计值 $\tilde{\phi}$，即

$$\tilde{\phi} = A^+ \delta\phi = \sum_{j=1}^{R} \frac{\delta\phi^T}{\sqrt{\lambda_j}} w_j u_j \tag{7-12}$$

利用时间和相位得到平均相位速率，即

$$\bar{v} = [v_1, v_2, \cdots, v_N]^T = \left[\frac{\phi_1}{t_1 - t_0}, \frac{\phi_2}{t_2 - t_1}, \cdots, \frac{\phi_N - \phi_{N-1}}{t_N - t_{N-1}} \right]^T \tag{7-13}$$

根据上式可得

$$\delta\phi_i = \sum_{k=IS_i+1}^{IE_i} (t_k - t_{k-1}) v_k \tag{7-14}$$

令 $\sum_{k=IS_i+1}^{IE_i} (t_k - t_{k-1}) = B$，可得

$$\delta\phi = Bv \tag{7-15}$$

通过奇异值分解法可得到 SAR 影像不同时间段的平均相位形变速率 v 及相对于初始影像的形变相位。

7.3　应用案例

时序 InSAR 技术主要以 PS-InSAR 法、SBAS-InSAR 法、相干目标（Coherent Targets，CT）法为典型算法。其中，PS-InSAR 法主要通过选取单一主影像组合干涉像对，它要求的 SAR 影像数量较多（通常超过 25 景），否则难以达到足够的形变反演精度，在提取非线性形变和消除大气相位影响方面，PS-InSAR 法能给出很好的思路；SBAS-InSAR 法，通过设置一定的时间、空间基线阈值组合干涉像对，得到一系列短时空基线的差分干涉图，从而削弱时间失、空间失相关的影响；相干目标法则以相干系数阈值选取高相干点目标，通过多主影像组合干涉像

对,利用少量的 SAR 影像生成足够的干涉图,有利于形变反演,在提取非线性形变方面,相干目标法的算法复杂,通过分别计算低、高分辨率的非线性部分实现,容易引入新的算法误差。

多主影像相干目标小基线 InSAR(Multiple Master-image Coherent Target Small-Baseline Interferometric SAR,MCTSB-InSAR)法融合了 PS-InSAR 法、相干目标法等的优势,采用基于相干性的最佳干涉像对组合方法,实现地面沉降反演,其中,线性形变主要采用相干目标法;而非线性形变采用类似 PS-InSAR 的思想,实现了高精度沉降信息反演。

项目利用覆盖天津临港地区 Sentinel-1 雷达影像,基于多主影像相干目标小基线 InSAR 法以及 InSAR 地表形变监测软件 GDEMSI,开展监测区 2022 年 8 月—2022 年 5 月的地面沉降监测,获取地面沉降速率及累计沉降量等沉降信息,项目总体技术路线如图 7-4 所示。

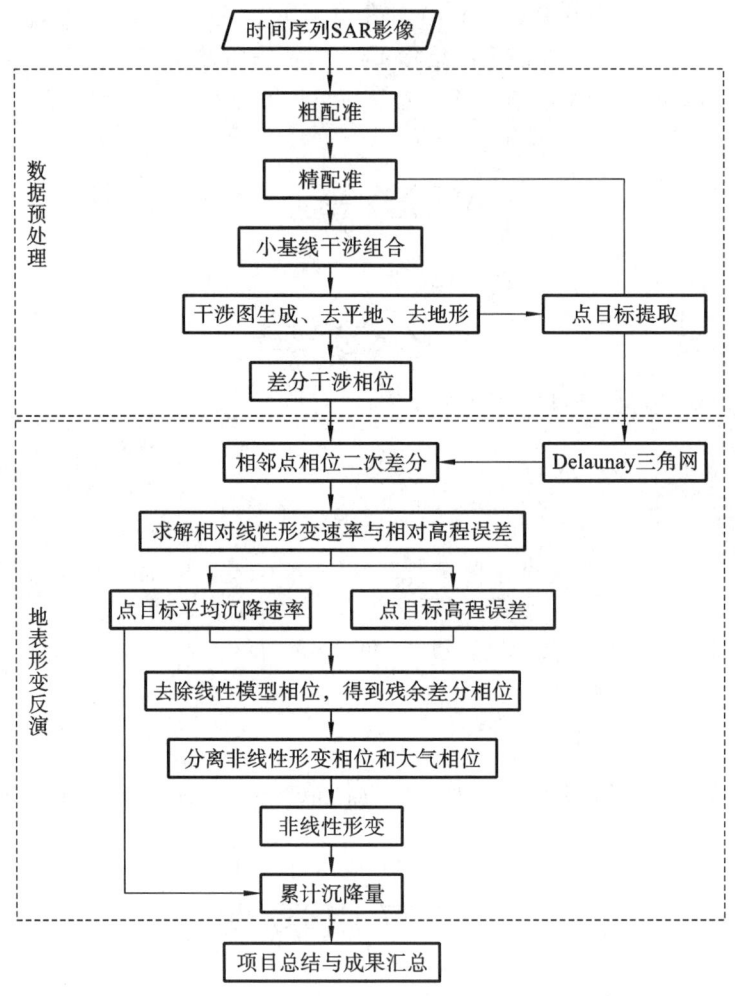

图 7-4 项目总体技术路线

7.3.1 监测数据源

InSAR 形变监测数据源为欧空局 Sentinel-1 升轨雷达影像。欧空局 Sentinel 系列卫星和其他宇航局对地观测卫星共同组成太空子计划,是整个"哥白尼计划"中的核心部分。该系列卫星包括 2 颗 Sentinel-1 卫星、2 颗 Sentinel-2 卫星、2 颗 Sentinel-3 卫星、2 颗 Sentinel-4 卫星、2 颗 Sentinel-5 卫星和 1 颗 Sentinel-5P 卫星,分别搭载 C 波段合成孔径雷达(C-SAR)、高光谱分辨率的可见光和热红外传感器,以及高度计和专业的波谱仪等多种传感器,以此提供特有的观测数据集。其中,Sentinel-1A 卫星于 2014 年 4 月 3 日发射升空,Sentinel-1B 卫星于 2016 年发射,Sentinel-1A 与 Sentinel-1B 两颗卫星组成星座,协同工作,以增加对地球上相同地点的观测频率,对于观测快速变化的地球表面具有非常重要的意义。

　　Sentinel-1A 卫星搭载了 C 波段合成孔径雷达,具有多种成像方式,可实现单极化、双极化等不同的极化方式。Sentinel-1A 卫星使用近极地太阳同步轨道,轨道高度为 693 km,轨道倾角为 98.18°,轨道周期为 99 min,同一区域重访周期为 12 d,设计使用寿命为 7 年(预期可达到 12 年)。Sentinel-1A 卫星共有 4 种工作模式:条带模式(Strip Map Mode,SM)、超宽幅模式(Extra Wide Swath,EW)、宽幅干涉模式(Interferometric Wide Swath,IW)和波模式(Wave Mode,WV)。Sentinel-1A 卫星的 4 种成像模式基本参数如表 7-2 所示。

表 7-2　Sentinel-1A 卫星的 4 种成像模式基本参数

工作模式	SM	EW	IW	WV
幅宽/km	80	400	250	20
入射角范围	18.3°~46.8°	18.9°~47.0°	29.1°~46.0°	21.6°~25.1°,34.8°~38.0°
极化方式	HH + HV,VV + VH,HH,VV	HH+HV,VV+VH,HH,VV	HH + HV,VV + VH,HH,VV	HH,VV
距离分辨率/m	5	25	5	5
方位分辨率/m	5	40	20	5
辐射精度/dB	1	1	1	1
相位误差/(°)	5	5	5	5
是否干涉测量	否	是	是	否
应用	用于紧急事件应急管理	用于海洋、冰川、极地等需要大范围覆盖和短重访周期的区域	对地观测主要工作模式	用于海洋参数的获取

　　Sentinel 系列卫星是已退役的欧洲遥感卫星(ERS)与环境卫星(ENVISAT)的延续,用于全球环境监测。SM 与 ERS 和 ENVISAT ASAR 数据保持一致,实现了欧空局 SAR 数据的连续性,主要为紧急事件的应急管理提供数据。EW 与 IW 模式采用步进的条带扫描方式(Terrain Observation with Progressive Scans SAR,TOPSAR)获取 3 个子条带,进而合并成一景图像。TOPSAR 作为一种新的 SAR 工作模式,由 De Zan 等人提出,它能够在保证分辨率的前提下提高地面的覆盖范围,与传统的 Scan SAR 模式相比,不但能获得同样广的地面覆盖范围和同样高的分辨率,还解决了 Scan SAR 图像不均匀的问题。在该模式下,天线不仅在距离向摆动以扫描不同子带,而且在方位向从后往前扫描,这样可以使每个目标地物被相同的天线方向完全扫描,避免了图像不均匀的问题。TOPSAR 可以获取大幅宽数据,是 Sentinel-1A 陆地覆盖区域的主要扫描方式。

Sentinel-1A 数据产品由 SM、EW 和 IW 3 个模式获取,通过载荷数据地面站（Payload Data Ground Segment,PDGS）生成数据并对所有的用户免费开放。所有的数据都以 Sentinel 的欧洲标准存档格式存储。数据产品共有 3 个级别,包括 Level-0、Level-1 和 Level-2。其中, Level-0 级的数据是 Sentinel-1 产品的最低级别,是所有更高级别数据的基础,Level-0 级数据包括未经处理的压缩数据,注释信息及其他辅助处理的相关信息等。Level-0 级数据需要由专门的数据处理程序或软件进行处理,不能为大多数用户使用。Level-0 级数据经过预处理、多普勒质心估计、聚焦和相关后期处理等 4 个步骤后生成 Level-1 级数据产品,Level-1 级数据产品包括单视复数影像（Single Look Complex,SLC）和地距影像（Ground Range Detected, GRD）,其中,SLC 数据产品包括聚焦的 SAR 数据、用卫星轨道数据作为地理参考的数据,以及用卫星姿态数据作为地理参考的数据,以斜距几何的方式呈现。斜距坐标是雷达自然距离观测坐标。由于 SM 只有一个刈幅,SM 模式下的每一重极化包含一个 SLC 图像,而 EW 模式和 IW 模式的每一重极化的每一个子幅也都有一个 SLC 图像,因此 IW 模式下能有 3 个单极化 SLC 图像或 6 个双极化 SLC 图像,EW 模式能有 5 个单极化 SLC 图像或 10 个双极化 SLC 图像。WV 模式下的 SLC 图像仅用于生成 Level-2 级别的数据产品。GRD 数据产品包括监测到的聚焦 SAR 数据、多视点的聚焦 SAR 数据和用地球椭球投影的聚焦 SAR 数据。椭球投影带来的误差用产品注释中详述的地形高度校正。除了可以应用于 SLC 数据产品的校正,GRD 数据产品还能通过去除热噪声改善监测图像的质量。Level-2 级数据产品是由 Level-1 级数据经过地理定位后的地球物理数据产品。Level-2 级的 OCN 数据产品包括提取自 SAR 数据的海面风场（Ocean Wind Field,OWI）、海洋涌浪谱（Ocean Swell Spectra,OSW）和表面径向速度（Surface Radial Velocity,RVL）,它们分别提取于不同的 Level-1 级数据产品。

Sentinel-1A 数据产品列表如表 7-3 所示。

表 7-3　Sentinel-1A 数据产品列表

模式名称	SM	EW	IW	WV
数据产品	L0 RAW	L0 RAW	L0 RAW	L0 RAW（不发布）
	L1 SLC	L1 SLC	L1 SLC	L1 SLC（不发布）
	L1 GRD 全分辨率 高分辨率 中分辨率	L1 GRD 高分辨率 中分辨率	L1 GRD 高分辨率 中分辨率	L1 GRD 中分辨率（不发布）
	L2 OCN	L2 OCN	L2 OCN	L2 OCN

本项目使用的数据源为 2021 年 8 月 10 日—2022 年 5 月 25 日获取的 20 期 Sentinel-1 升轨雷达影像,成像模式为 IW,极化方式为 VV 极化,产品类型为 1 级 SLC。

监测区 Sentinel-1 SAR 影像基线列表如表 7-4 所示。

监测区 Sentinel-1 SAR 影像平均幅度图如图 7-5 所示。

表 7-4 监测区 Sentinel-1 SAR 影像基线列表

ID	成像时间（yymmdd）	垂直基线距/m	时间基线距/d
1	20210810	0.00	0
2	20210822	−18.66	12
3	20210903	−83.07	24
4	20210927	−135.57	48
5	20211009	−52.39	60
6	20211021	−29.91	72
7	20211102	16.52	84
8	20211114	−75.09	96
9	20211126	−109.55	108
10	20211208	−91.70	120
11	20211220	3.03	132
12	20220101	62.23	144
13	20220125	−54.13	168
14	20220206	−74.43	180
15	20220314	−56.68	216
16	20220326	−148.06	228
17	20220407	−45.48	240
18	20220419	−90.47	252
19	20220501	−55.65	264
20	20220525	13.06	288

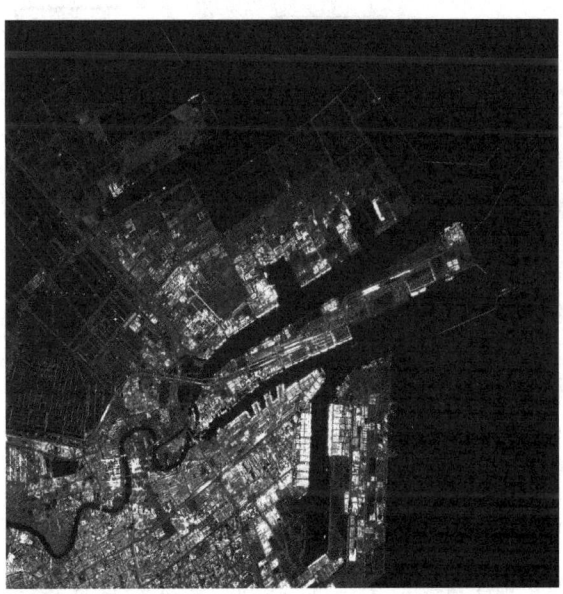

图 7-5 监测区 Sentinel-1 SAR 影像平均幅度图

7.3.2 沉降信息提取

1. 数据预处理

SAR 数据预处理主要是 SAR 影像差分干涉处理的过程。首先 M 幅 SAR 影像根据小基线组合原则进行基线分析,形成多个主辅影像干涉像对组合,然后依次进行影像粗配准、公共区域影像裁剪、影像精配准、生成 N 幅干涉图、模拟地形相位、去地形相位、相位滤波等处理,生成差分干涉图。差分干涉预处理流程如图 7-6 所示。

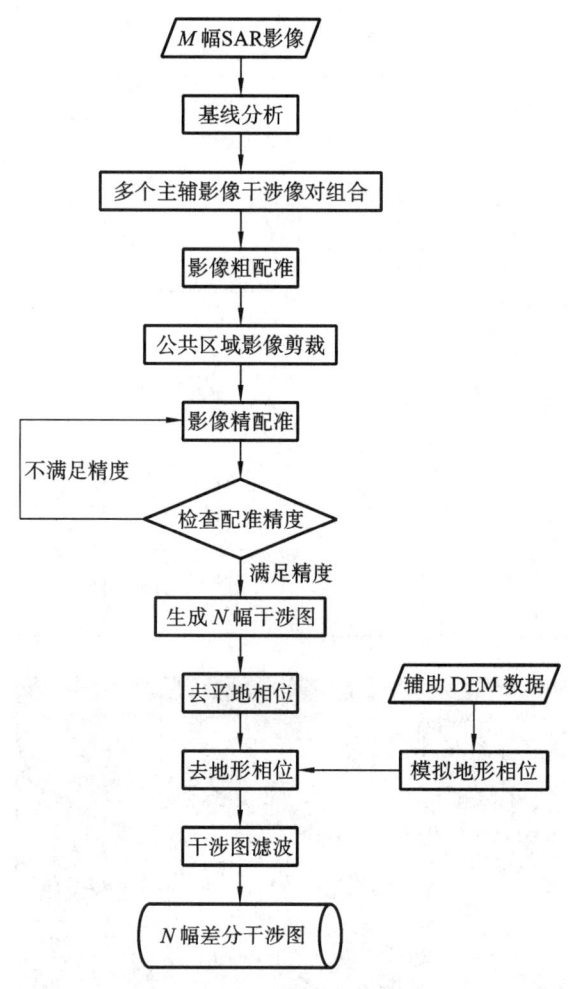

图 7-6 差分干涉预处理流程

1)基线分析

监测区基线分析文件如图 7-7 所示。

2)多个主辅影像干涉像对组合

根据生成的基线文件,设置合适的参数,找到满足条件的干涉像对组合,并生成小基线对基线时空分布图,设置参数项主要包含最大时间基线、最大垂直基线等。干涉像对组合不要求具有共同主图像,仅要求主辅图像都按同一个时间顺序排列。这样处理可以使少量 SAR 图像

成像时间 (yymmdd)	垂直基线距/m	时间基线距/d	多普勒中心频率/Hz
20210810	0.0	0.0	-6.858120000000
20210822	-18.658588685028	12	-3.028368000000
20210903	-83.068567284221	24	0.436014000000
20210927	-135.568789893599	48	4.393833000000
20211009	-52.388885664669	60	8.152720000000
20211021	-29.908912953152	72	21.143266000000
20211102	16.515768377165	84	24.400438000000
20211114	-75.087071853957	96	29.734829000000
20211126	-109.550776083520	108	28.408357000000
20211208	-91.697265249970	120	21.267241000000
20211220	3.033182982780	132	25.812913000000
20220101	62.225689116161	144	9.498322000000
20220125	-54.127024540450	168	3.483126000000
20220206	-74.426857513459	180	11.617789000000
20220314	-56.678217714458	216	-5.572068000000
20220326	-148.057929247786	228	-14.748767000000
20220407	-45.484402024415	240	-3.982205000000
20220419	-90.465369690340	252	0.343870000000
20220501	-55.645398141930	264	-14.395849000000
20220525	13.057598309377	288	3.403486000000

图 7-7　监测区基线分析文件

也能组合较多的干涉像对。

　　本项目设最大时间基线为 100 d(天)，最大垂直基线为 200 m，得到 102 个小基线干涉像对。监测区干涉组合时空基线分布如图 7-8 所示。

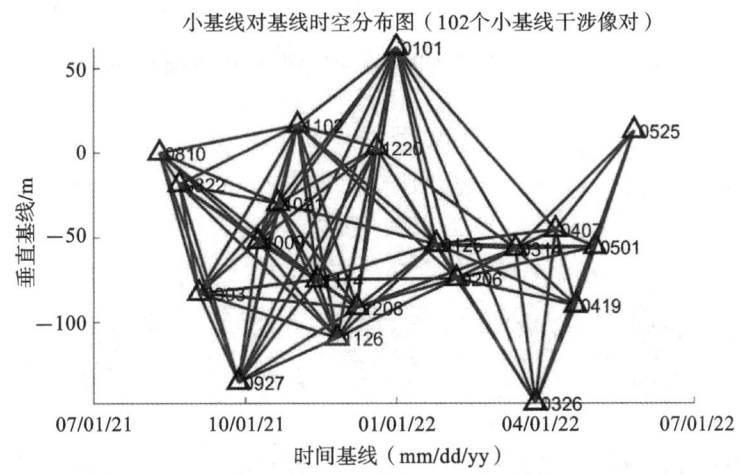

图 7-8　监测区干涉组合时空基线分布

　　3)影像粗配准

　　影像粗配准的主要目的是利用主辅影像的轨道信息计算主辅影像之间的偏移量，包括影像方位向和距离向的偏移量，一般要求粗配准精度在 5 个像素以内。对两幅 SAR 复数影像而言，在行或列上的偏移量往往达到几百个像元，最多的甚至达上千个像元。根据偏移量可以对两幅 SAR 复数影像进行粗配准。

　　4)公共区域影像裁剪

　　由于不同时间拍摄的 SAR 影像之间存在一定程度的偏移，影像的覆盖范围并不能完全一致，而 InSAR 地面沉降监测需要各期影像都覆盖相同区域。因此，应参考影像粗配准偏移量信息，对每幅影像均选择最大公共区域进行裁剪。

5）影像精配准

在影像粗配准的基础上进行影像精配准，并对辅影像进行重采样。通常干涉处理要求精配准精度达到 1/8～1/4 像素，否则会造成相干性降低。对于 Sentinel-1 数据，由于其特殊的 TOPS 成像模式，方位向配准精度需达到 0.001 个像元。

6）生成干涉图

根据干涉像对组合，对主辅影像进行复共轭相乘，生成相应的干涉图。干涉图对应相位即为两幅 SAR 复数影像的相位之差，干涉相位是多种因素（如参考基准面、地形起伏、地表位移、噪声等）的综合反映。

7）去平地相位

利用轨道数据，生成平地相位，并从干涉图中去除平地相位。平地效应是指高度不变的平地引起干涉相位在距离向和方位向呈周期性变化的现象。平地效应使干涉相位图呈现为密集的明暗相间干涉条纹，在一定程度上掩盖了地形变化引起的干涉条纹变化，因此必须进行去平地效应处理。

8）去地形相位

利用监测区 DEM 数据资料，生成模拟地形相位，并从去平后的相位去除地形相位，得到差分相位。对于地势平坦的研究区，地形引起的相位误差很小，因此不需要利用外部 DEM 数据去除地形相位，可直接将该部分相位估计为地形误差；但对于存在丘陵、山地等地形的研究区，可采用外部辅助 DEM 数据模拟地形相位，并从去平后的相位去除地形相位，得到差分相位。

9）干涉图滤波

由于 SAR 系统固有的斑点噪声及 InSAR 受时间失和空间失相关等多种因素的干扰，给干涉相位带来各种噪声，使干涉条纹的连续性受到影响，表现为条纹不清晰，周期不明显。因此，一般要对生成的干涉图进行滤波，降低噪声，提高信噪比，减少残差的出现。

利用预处理得到的部分差分干涉相位图如图 7-9 所示。

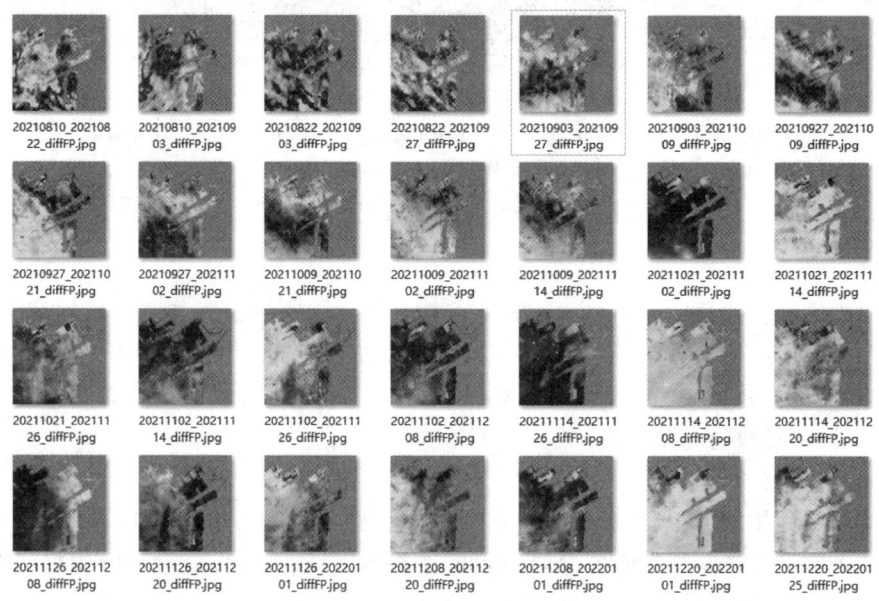

图 7-9 部分差分干涉相位图

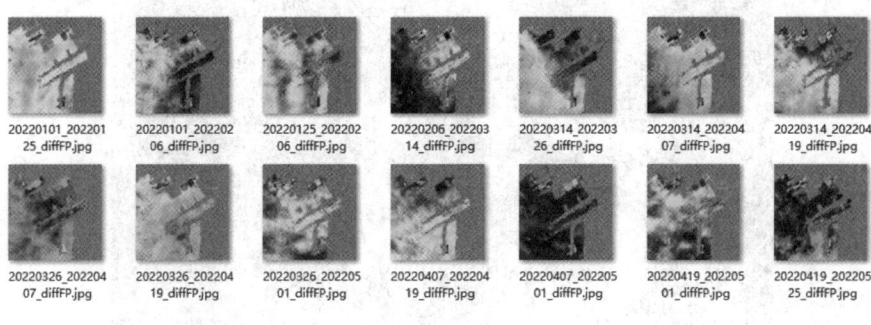

续图 7-9

2.线性形变反演

利用预处理得到的差分干涉相位图对线性形变反演进行处理。具体流程包括依次进行稳定点目标提取、点目标三角网连接、求解相对线性形变速率和相对高程误差、残差相位控制、不连通网络连接、线性形变速率和高程误差求解等处理。线性形变反演流程如图 7-10 所示。

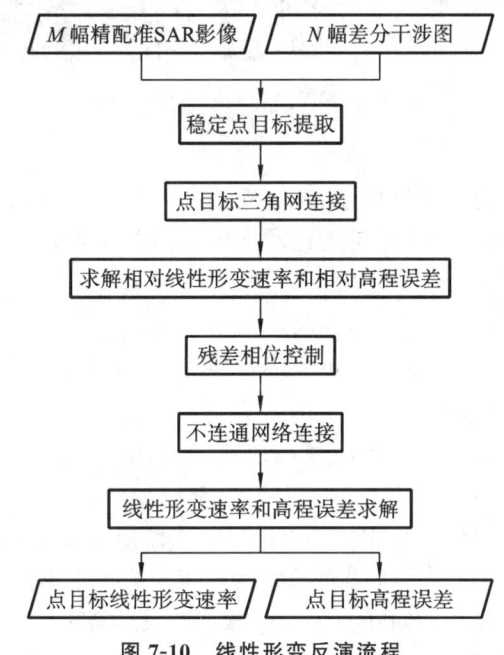

图 7-10　线性形变反演流程

1)稳定点目标提取

通常利用平均相干系数、平均幅度等参数提取稳定点目标。稳定点目标提取原则:反复调整阈值参数,不得把水体等非相干性地物作为候选相干目标。在保证稳定点目标质量可靠的前提下,应尽可能提取数目较多的稳定点目标。本项目设平均幅度阈值为 0.5,平均相干系数阈值为 0.32,共提取了 287054 个稳定点目标。监测区提取的稳定点目标如图 7-11 所示。

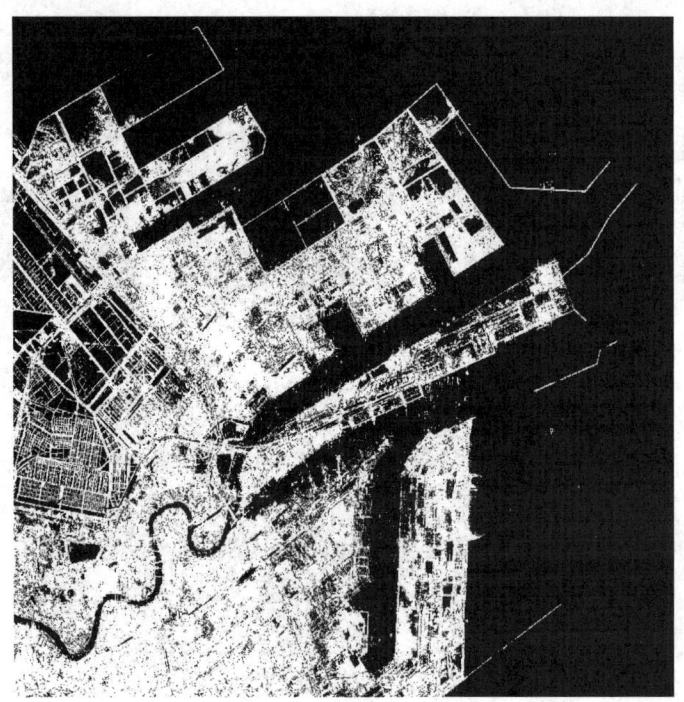

图 7-11　监测区提取的稳定点目标

2）点目标三角网连接

利用 Delaunay 三角网连接点目标，通过建立三角网确定点目标之间的关系，对相邻点目标的差分相位进行二次差分。为了尽可能减小大气效应的影响，需要设置相邻点目标间的最大距离，该值应小于大气相关距离。

3）求解相对线性形变速率和相对高程误差

考察三角网边上两顶点之间的差分相位差，它包括线性地面沉降、非线性地面沉降、DEM高程误差、大气影响、轨道误差及噪声 5 个部分贡献。当轨道数据较精确时，轨道误差可以忽略。同时，考虑到大气影响是一个低频信号，在空间上存在一个相关距离，当三角网两点间距在大气影响相关距离内时，可以认为它们的大气影响相位相等。由于非线性形变相位和噪声相位都是随机信号，因此可以将差分相位差近似等于线性形变速率和高程误差二者贡献，并建立包含相对线性形变速率和相对高程误差的线性模型。为了求解这两个参数，可建立目标函数方程，通过最优化方法求解。当对所有的边完成最大化求解后，需要设置一定的条件，用于判断哪些边是可靠的（正确解算的边）。通常将模型相干系数大于设定阈值（经验值为 0.7）的边认定为可靠边予以保留，将不满足此条件的边（不可靠边）剔除。

4）残差相位控制

从两顶点之间的干涉相位差中去除上述估计得到的形变速率和高程误差相位，得到两顶点之间的残差相位，分析其均值、标准差等特征，去除残差相位较大的边，保留残差相位较小的优质三角网连接边。

5）不连通网络连接

去除不可靠边后，可能导致网络不是一个连通的网络，此时会出现多个子网络。对于这种情况,首先需要查找出不连通的子网络数量,然后按顺序在大气相关距离范围内增加新的连接边,依次连接各个网络,此时仍要保证新增连接边是可靠的,最终使所有的不连通子网络连接成一个完整的网络。对于少数子网,如果确实难找到可靠边与其他子网络进行连接,则可放弃连接,不参与形变提取。

6)线性形变速率和高程误差求解

通过最小二乘法集成各条边的相对线性形变速率和相对高程误差,得到各点目标沿雷达视线向的线性形变速率和高程误差。此时得到的结果与真实值相比存在系统性偏差。

图 7-12 为获取的 2021 年 8 月—2022 年 5 月天津临港地区平均沉降速率,其中负值表示沉降,正值表示抬升。沉降最大值为 207 毫米/年,位于监测区东南部的围填海区域。

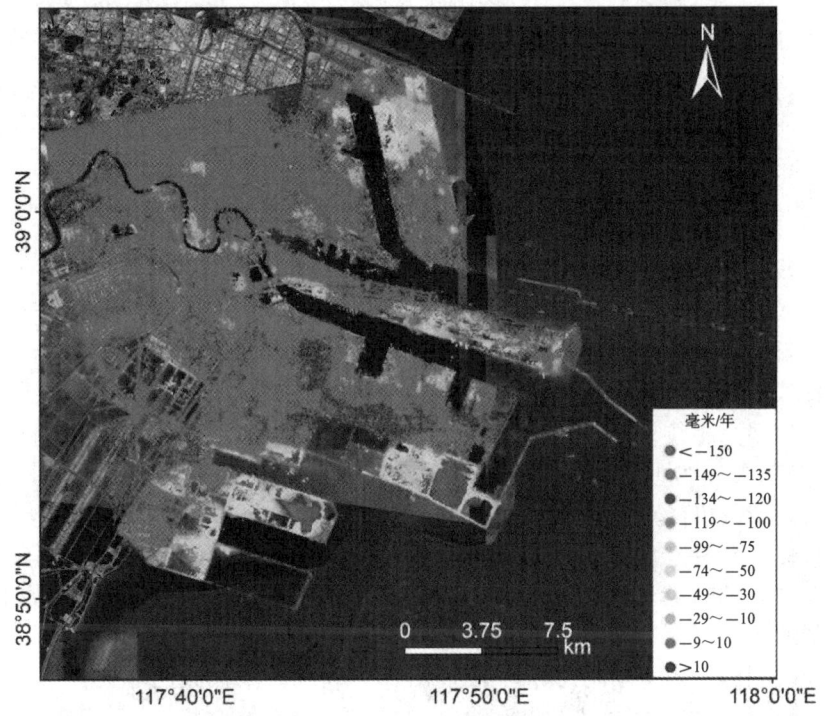

图 7-12   2021 年 8 月—2022 年 5 月天津临港地区平均沉降速率

3. 非线性形变反演

基于点目标线性形变速率和高程误差,可进一步开展非线性形变估计处理,最终得到累计形变信息。具体流程包括依次进行最终点目标三角网连接、相邻边残余相位计算、点目标残余相位计算、成像时刻残余相位求解、时间低通滤波(分离出大气相位与噪声相位)、空间低通滤波(得到大气相位)、非线性形变相位计算等处理。非线性形变估计流程如图 7-13 所示。

1)最终点目标三角网连接

线性形变提取受网络边模型相干系数阈值限制,最终得到的点目标数量通常小于初始提取的点目标数量。利用 Delaunay 三角网连接最终点目标,通过建立三角网确定点目标之间关系。为了尽可能减小大气效应影响,需要设置相邻点目标间的最大距离,该值应小于大气相关距离,经验值为 2000 m。

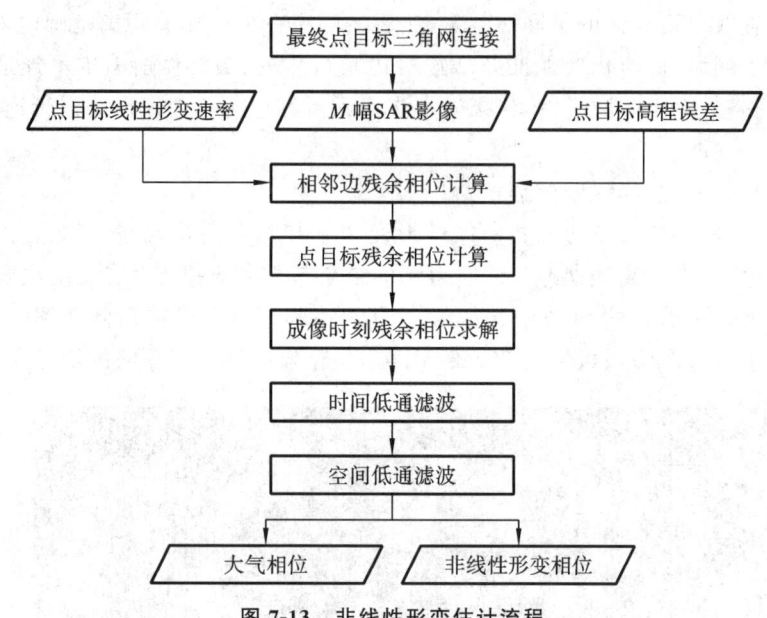

图 7-13　非线性形变估计流程

2)相邻边残余相位计算

对于三角网的每条边,利用得到的点目标线性形变速率和高程误差,从差分相位差中减去线性模型相位,得到各干涉图的相邻边残余相位。

3)点目标残余相位计算

由于相邻边残余相位处于$[-\pi,\pi)$的缠绕相位,包含非线性形变相位、大气相位和噪声相位,通过最小二乘法求解,可得到每个点目标的残余相位。

4)成像时刻残余相位求解

上述点目标残余相位为每个干涉图对应的残余相位,为了便于后续处理,利用主辅影像干涉像对组合关系,可进一步通过最小二乘法求解,得到点目标每个成像时刻残余相位。

5)时间低通滤波

对各成像时刻的残余相位进行时间低通滤波,可以将时间低频的非线性形变相位从时间高频的大气、噪声相位中分离出来。从残余相位减去非线性形变相位,可得到二次残余相位,它包括大气相位和噪声相位。时间低通滤波窗口大小经验值为 365 d(天)。

6)空间低通滤波

对二次残余相位进行空间低通滤波,可去除空间高频的噪声相位,保留空间低频的大气相位。空间低通滤波窗口应小于大气相关距离,经验值为 500 m。

7)非线性形变相位计算

从残余相位中减去大气相位,即可得到新的残余相位,该相位包括非线性形变相位和噪声相位,相比于前者,此时点目标的噪声相位可忽略不计,可以认为该相位就是非线性形变相位。

4. 累积形变量计算

在分别获取点目标线性形变速率和非线性形变相位后,经叠加计算,得到时间序列上的累计形变量结果。累积形变量计算流程如图 7-14 所示。

1)点目标线性形变速率定标

利用监测区(或某一稳定区域)地面实测数据,对点目标线性形变速率进行定标,消除

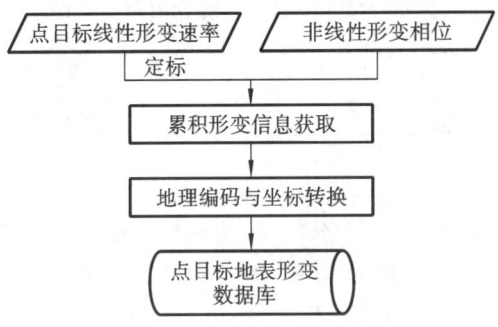

图 7-14　累积形变量计算流程

InSAR 形变结果的系统性偏差,该偏差与参考区域位置有关,选择不同参考区域将生成不同的 InSAR 形变结果。

2)累计形变信息获取

将定标后的点目标线性形变速率和非线性形变相位叠加计算,得到时间序列上的累计形变量结果。基于雷达波入射角关系,将雷达视线方向的形变值转换为垂直方向上的形变值,完成 SAR 坐标系的地面沉降信息获取。

3)地理编码与坐标转换

利用 SAR 影像坐标与大地坐标之间的映射关系,对 SAR 影像及点目标地面沉降结果进行地理编码,使结果能与其他基础地理信息进行叠加分析。

图 7-15 为 2021 年 8 月 10 日—2022 年 5 月 25 日天津临港地区累计沉降量,其中白色三角形为随机选取的 4 个点目标位置,点号分别为 80322、149091、239399、241490。

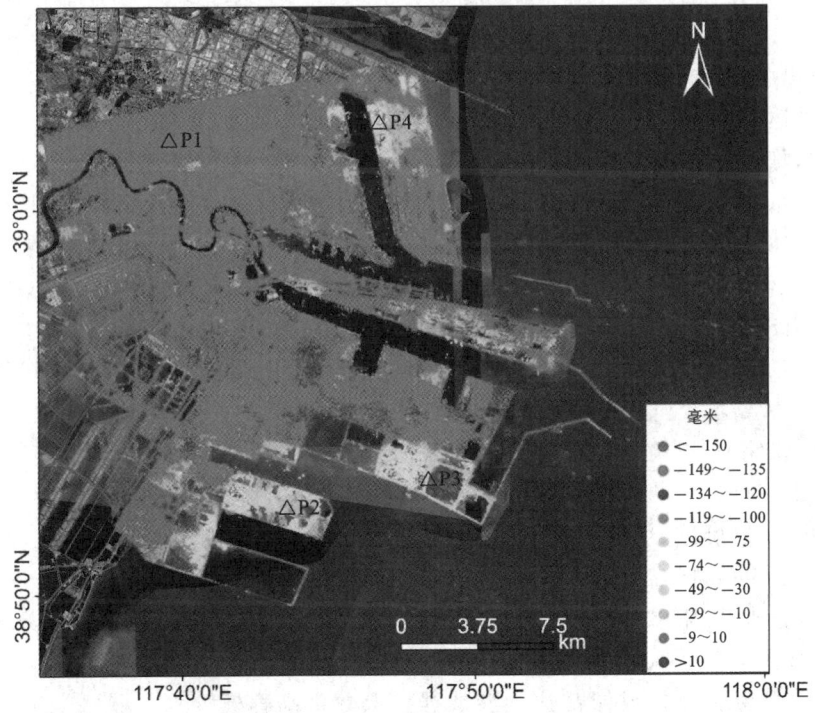

图 7-15　2021 年 8 月 10 日—2022 年 5 月 25 日天津临港地区累计沉降量

图 7-16 为监测区 P1～P4 这 4 个点位的时序累计沉降量曲线。

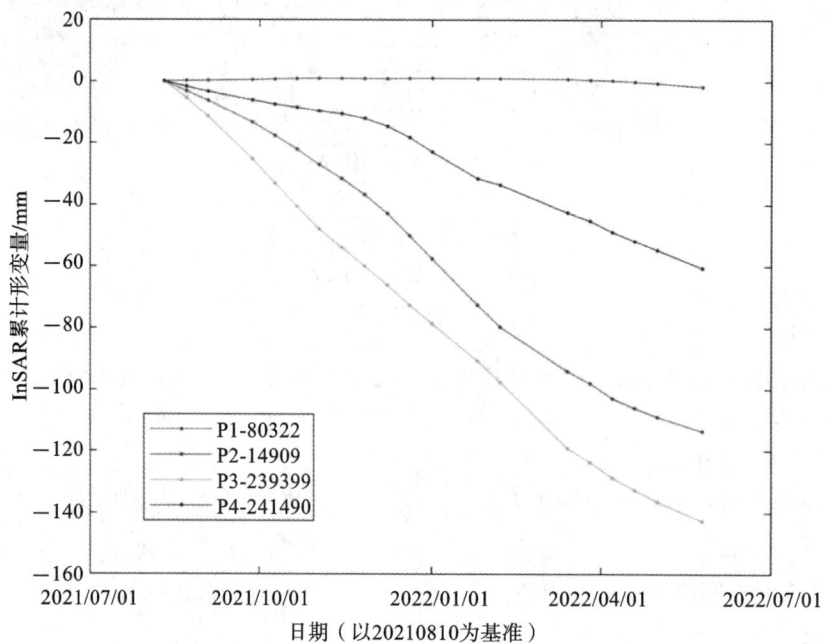

图 7-16　监测区 P1～P4 这 4 个点位的时序累计沉降量曲线

本章参考文献

[1]　科赫拉尔.卫星雷达干涉测量:沉降监测技术[M].景桂凤,王索,陈重华,等译.北京:国防工业出版社,2015.

[2]　舒宁.雷达影像干涉测量原理[M].武汉:武汉大学出版社,2003.

[3]　刘国祥,陈强,罗小军,等.InSAR 原理与应用[M].北京:科学出版社,2018.

[4]　张静,冯东向,綦巍,等.基于 SBAS-InSAR 技术的盘锦地区地面沉降监测[J].工程地质学报,2018,26(4):999-1007.

[5]　冉培廉,李少达,戴可人,等.雄安新区 2017—2019 年地面沉降 SBAS-InSAR 监测与分析[J].河南理工大学学报(自然科学版),2022,(3):66-73.

[6]　张双成,张雅斐,司锦钊,等.南水进京后利用升降轨 InSAR 解译北京地面沉降发展态势[J].武汉大学学报(信息科学版),2024,49(8):1337.

[7]　张永利,曾宪明,王长委,等.基于 QPS-InSAR 珠江口西岸地面沉降监测[J].测绘地理信息,2022,47(6):110-114.

[8]　孟冉,蒋亚楠,廖露.双极化 Sentinel-1 数据在城市沉降监测中的对比研究[J].河南理工大学学报(自然科学版),2024,43(4):77-86.

[9]　吴宏安,张永红,康永辉,等.基于 FS-InSAR 技术精细监测内蒙古新井露天矿地表形变[J].武汉大学学报(信息科学版),2024,(3):389-399.

[10]　王超.利用航天飞机成像雷达干涉数据提取数字高程模型[J].遥感学报,1997,1(1):46-49.

第8章 水深测量技术

8.1 概 述

8.1.1 概念

地表海拔是表示地表点位置最基本的属性之一。与陆地地形相比,在世界海洋的许多地方,其水下等深线的水深测量仍然不确定。水深测量涉及海洋、河流或湖泊的水下地形,与海洋科学研究,以及各种社会需求息息相关。以海洋科学研究为例,了解准确的水深或海底形态对海洋地质学、物理海洋学、海啸传播和记录海洋栖息地等至关重要。从行政层面来讲,基于测深数据做出的决策主要包括海上航行安全、沿海空间规划、环境保护和海洋资源开发等。

水深测量是海道测量的中心工作,是海洋定位和测深两项工作的有机结合,其目的是为海图编绘提供水深和航行障碍物等海部要素。目前,人们主要使用水面船舶进行水深测量,测量船在按一定的间隔和方向布设的测深计划线上航行,以一定的间隔采集定位和水深数据,经过改正后获得各点准确的深度,从而显示海底地貌。水深测量的定位方法主要有光学仪器定位、无线电定位、卫星定位和水下声标定位。测深方法主要有回声测深仪、多换能器扫测系统、机载激光测深系统和卫星遥感测深系统等。目前,水深测量已经实现数字化测量,利用水深测量自动化系统,可完成数据采集与处理。

测深图看起来很像地形图,它使用线条显示土地特征的形状和高程。在地形图上,线连接等高点。在测深地图上,线连接相同深度的点。内部圆圈越来越小的圆形可以表示海沟,也可以表示海山或水下山。研究机构和工商界花费了大量资源用于收集、管理和准备测深数据,使用回声测深仪绘制测深图,并根据需要将收集的深度数据以各种方式进行处理,并编译成海图、阴影地形图和数字地形模型等产品。

8.1.2 基准

基准是水深测量数据依据的基本框架,一般包括大地(测量)基准、高程基准、深度基准和重力基准等,具体应涵盖起始数据、起算面的时空位置及相关参量等内容。

根据测绘目的和场景用途的不同,平面控制也会选用不同的基准,如地方性基准等。海道测量的平面基准通常采用 CGCS2000 国家大地坐标系,投影通常采用高斯-克吕格投影和墨卡托投影两种投影方式。

我国的垂直基准分为陆地高程基准和深度基准两部分。陆地高程基准采用"1985 国家高程基准",是青岛验潮站自 1952 年至 1979 年测得的海面的平均值。对于远离大陆的岛礁,其高程基准可采用当地平均海面。深度基准采用理论最低潮面,其高度从当地平均海面起算,一般与国家高程基准进行联测。

8.1.3　测量内容

水深测量的内容主要包括测深点的定位和测深点的深度测量两个方面。水深测量工作需要精准测定深度点的平面位置,也就是定位,当使用测深仪测深时,换能器的平面位置就是深度点的平面位置。在测量测深点的深度时,需要选取适当的测深线间隔和方向,这样才能保证连续测得水深。测得水深后还必须进行水位改正,把在瞬时水面上测得的深度归算到由深度基准面起算的深度。

8.1.4　常规方法

工程方面常规的水深测量方法主要有测深杆、测深锤(水砣)、回声探测仪、机载激光测深系统等。

1.测深杆

测深杆主要用于水深浅于 5 m 的水域测深。它由木制或竹质材料制作,杆直径为 3~5 cm,长为 3~5 m,底部设有直径 5~8 cm 的铁制圆盘。此测深方法在实际作业中已很少见。

2.测深锤(水砣)

测深锤(水砣)主要用于 8~10 m 且流速不大的水域测深。它由铅砣和砣绳组成,其重量视流速而定,砣绳一般为 10~20 m,以 10 cm 为间隔。此测深方法在实际作业中也已很少见。

3.回声测深仪

回声测深仪简称测深仪,是根据回声测深原理设计的水深测量仪器,分为单波束回声测深仪、多波束回声测深仪、单频回声测深仪和双频回声测深仪等。多波束测深系统又称“声呐列阵测深系统”或“条带测深系统”,是一种可同时获得在测线垂直方向上连续多个水深数据的回声测深系统。

4.机载激光测深系统

机载激光测深系统又称“机载主动遥感测深系统”,是由飞机发射激光脉冲测量水深的系统。机载部分由激光测深仪、定位与姿态设备组成,用于采集水深数据;地面部分由计算机、磁带机等数据处理设备组成,用于对采集的数据进行综合处理和分析。

8.1.5　发展历史

在古代,人们通过将一根重绳索抛到船的一侧,记录绳索到达海底所需的长度进行测深测量。然而,这种测量方法是不准确和不完整的。绳索通常不会直接沉入海底,而是随水流移动。并且,绳索一次只能测量一个点的深度。为了得到一张清晰的海底照片,科学家们不得不进行数千次绳索测量。更常见的情形是,科学家和航海家在预测海底的地形时,海底的丘陵和山谷很容易预测,但海沟或沙洲却不容易预测,如果船舶撞到沙洲并丢失货物,则会给船员带来危险和经济损失。

水深可以直接测量,也可以用遥感的方法测量。20 世纪以来,人们一直使用单波束回声测深仪进行水深测量。单波束回声测深仪从船体或船底向海底发出声音脉冲,声波从海底反弹回船舶,脉冲离开和返回船舶所需的时间决定了海底的地形,时间越长,水越深。虽然单波束回声测深仪能够测量海底的一小块区域,但是其准确性仍然有限。当正在进行测量的船舶移动时,会将海底的深度改变几厘米甚至几米。同时,来自海底生物的反射会破坏声波的路径。

此外,声音在水中传播的速度也会有所不同,这取决于水的温度、盐度和压力。一般来说,随着温度、盐度和压力的增加,声音传播得会更快。海洋有不同的洋流,具有不同的温度和盐度。海洋的不断运动使测深变得困难。

为了解决这些问题,工程师开发了多波束回声测深仪。多波束回声测深仪具有数百个非常窄的波束,可以发出声音脉冲。这种脉冲阵列提供了非常高的角分辨率。角分辨率具有测量单个物体的不同角度或视点的能力,具有高角分辨率意味着可以从各种角度测量海底的单一特征(如海底山的顶部),包括从侧面和顶部进行测量。多波束回声测深仪可以校正海上船舶的运动,进一步提高测量的准确性。与单波束回声测深仪相比,它们能在更短的时间内绘制更多海底地图。多波束回声测深仪还可以提供有关海底物理特性的信息。例如,它们可以指示该特征是由硬质沉积物还是软质沉积物构成的,如果材料很硬,则回声测深仪发出的信号会更强。

在过去的几十年里,多波束回声测深仪极大地提高了海岸和海洋测绘的效率、准确性和空间分辨率。然而迄今为止,只有大约 10% 的世界海洋被测深仪测绘,且大部分位于沿海地区和沿海国家的专属经济区内。在多波束回声测深仪出现之前,水深测量是使用单波束回声测深仪进行的。在 20 世纪六七十年代,回声测深仪通常安装在洲际航行期间的商船上,途经许多从未被绘制过地图的未开发区域。即使同时考虑单波束和多波束测深,许多区域在测深图上仍然是空白的。有人估算过,如果全面绘制 500 m 等深线以下的世界海洋地图,那么需要所有可用的测量船进行大约 40 年的连续测绘活动。

机载激光测深系统集激光技术、微光探测技术、高精度定位技术及高速数据处理技术等于一体,是当今国际水深测量领域发展的前沿技术。但由于遥感水深测量受水体对电磁波吸收和散射的影响,即使使用 LiDAR 探测和测距设备进行机载激光扫描,在理想水体情况下,也只能对小于 100 m 的深度海域进行水深测量。

另外,使用卫星雷达高度计也可远程绘制由于水下地形的重力效应而导致的海面高度波动图。通过卫星测高,可以预测水深。然而,在一些常见的地质环境下,这一方法深测的空间分辨率相对较低,不确定性较大。即便如此,相信通过技术手段修正后的卫星雷达高度计水深测量系统仍将会是大区域或全球尺度海洋测绘的主要技术手段。

据我们所知,人们以前还没有发表过系统的分析报告,调查测深数据到底用于干什么、是否足以满足各自的应用、测深数据的最终用户面临什么问题且他们有什么具体需求。海洋测绘科学家或海道测量部门作为数据提供者,在准备一般用途的测深数据时最好考虑这些方面,以便优化它们的用途。

不同种类的测深数据集可用于解决各种研究问题和社会需求。在浅海、靠近海岸或某个国家的领海内,大多数测深数据的测量主要是为了航行安全和制作海图。制作海图的责任在于国家海道测量部门,通常是海军的部门,在包括瑞典在内的许多国家/地区,其详细的测深数据图表被归类为机密信息,这导致海图测深成为公开可用的最佳测深描述。

海上航行、渔业、空间规划,以及在某种程度上的研究活动,都是在海图或海图中描绘的水深的帮助下进行的。然而,海图测深对于研究、管理、空间规划的许多应用来说并不理想,主要是因为海图测深稀疏、间隔不均匀,且选择区域偏向浅滩。

有关研究表明,高质量的测深数据具有广泛的应用潜力。一般来说,我们认为现代社会大多数领域(包括科研领域)都会从免费提供的基础地理数据中获益。由于需要准确的海图,大多数沿海国家仍然会花费大量资源获取水深测量数据,而获得的数据又会使航行安全以外的应用也广泛受益。美国国家地球物理数据中心(NGDC)和国际海道测量组织(IHO)测量和存档测深数据就是用以支持安全航行并保护全球海洋环境的。NGDC代表国际海道测量组织的成员国运营一个全球水深测量数字数据库,并利用水深数据创建了用于模拟海啸的数字高程模型,经研究表明海底的海沟或山脉的存在会直接影响海啸或飓风的强度和路径。

与仅在二维空间的特定点或横断面上获得的许多样品或某种测量结果相比,水深测量至少在某种程度上是大面积的二维信息,因此可以提供一个宝贵的区域背景,将其他测量结果(如水团的海洋学特性)联系起来。海底形态,即海底的形状及其地形特征,它在了解海洋的形成过程中起着重要作用,如高纬度大陆架上的冰川活动。瑞典经常被视为在环境保护和海洋资源的可持续利用方面走在前列,瑞典的栖息地测绘就是需要靠近海岸地区的高分辨率测深数据的一个实例。

8.2 技 术 方 法

8.2.1 航 迹 控 制

航迹控制在海道测量工作中很重要。它一方面要保证测量船舶、人员和设备的安全,不发生触礁、船舶碰撞等事故;另一方面使测量船舶航行在预定的测深线(或探测趟)上,这不仅可提高工作效率,也可提高成图的质量,完善显示海底地貌。如果测深线间隔超限或探测趟间的重叠宽度不足,就必须花时间去补测,否则会影响作业进度。

航迹控制的主要方法有罗经法、导标法和偏航指示法。下面分别加以介绍。

1.罗经法

罗经法是根据图上布设的测深线(或探测趟)的航向,按罗经指示的方向航行。该法适用于测图比例尺小于1:10000的测图。

用罗经法实施航迹控制,事先应知道测深线(或探测趟)的罗航向和作业时测区的风流压修正量。在实施过程中,要做好上线、换线,并保持测量船舶在测深线上航行。首先,要明了船舶的位置与运动要素,明了该地该时风流压的情况。其次,措施要得当,处事要果断。

1)真航向与罗航向

在海道测量工作中,通常采用两种投影方法。在沿岸大比例尺测量中一般采用高斯投影。测图比例尺小于1:50000时可采用墨卡托投影。采用的投影方法不同,在图板上量取真航向的方法也会不同。

墨卡托投影图上的经线(指北的方向)是真北线,它与航向线的夹角就是真航向(H)。高斯投影图上的纵轴(指北的方向)是高斯坐标北线,它与航向线的夹角为坐标航向(Hx)。H与Hx的关系是

$$H = Hx + \gamma \tag{8-1}$$

式中,γ为子午线收敛角。测区在中央子午线以东,γ为正,测区在中央子午线以西,γ为负,即与减去500千米的Y值同号,γ值的计算公式见大地测量有关书籍。

罗航向(Hl)为罗北线与航向线的夹角,即

$$Hl = H - \Delta l = H - (\Delta c + \Delta z) \tag{8-2}$$

式中，Δl 为罗经差；Δc 为磁差；Δz 为罗经自差，Δz 可根据罗航向从罗经的自差表中查得。在不知道罗航向的情况下，可由磁航向(Hc)代替，为

$$Hc = H + \Delta c \tag{8-3}$$

式中，Δc 磁差可从航行海区的海图上查得。磁北线偏在真北线以东，磁差为"＋"，磁北线偏在真北线以西，磁差为"－"。如果磁差的绝对值逐年增加，则为年增记，记为"＋"；如果磁差的绝对值逐年减少，则为年减记，记为"－"。

罗经自差（简称自差）是以磁北线为基准的，如果罗北线偏在磁北线以东，则自差偏东，记为"＋"；如果罗北线偏在磁北线以西，则自差偏西，记为"－"。不同船舶的罗经自差是不同的；同一船舶不同部位的罗经自差也是不同的。磁罗经的罗经自差需经常测定，陀螺罗经（电罗经）的罗经自差一般比较稳定，其值也需实际测定。

2）风流压修正

船舶在海上航行势必会受到风流的影响。要使测量船舶航行在预定的测深线（或探测趟）上，必须考虑风流压修正。如图 8-1 所示，测量船舶位于 A 处，以 AP 的罗航向航行，如果没有风流的影响，则船位应位于 AP 上，而实际测定的船位却在 AC 上，$\angle CAP$ 为风流压角。

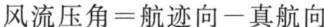

风流压角＝航迹向－真航向

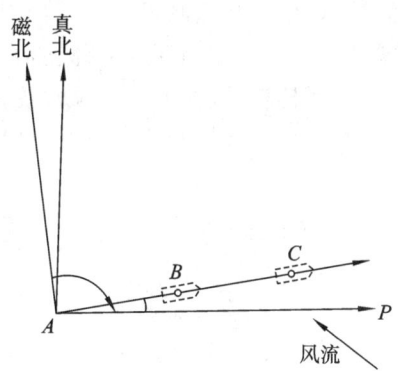

图 8-1　风流压修正

应注意：在风流的影响下，船舶沿风流中的航迹线运动，但船艏的方向仍保持在罗航向航行，是不变的。要使测量船舶沿预定的测深线航行，其罗航向应减去风流压角。风流压角可实际测定。

3）上线与换线

如图 8-2 所示，无论是上线还是换线，测量船舶必须按照船的旋回半径，在转向点 B 处及

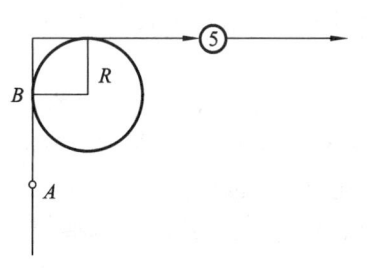

图 8-2　上线与换线

时转向。如果转向过早，则未达到测线；如果转向过迟，则过了测线。旋回半径 R 可以根据船的资料获取，也可以进行实测获取。当旋回半径 R 比较大而测线间隔比较小时，可以隔一条测线进行测量。

4）测线保持

测量船舶上线后，应时刻注意使其保持在预定的测深线上航行，一旦发现偏移，就应及时加以修正。修正的方法根据船位偏离计划测深线的情况而定，一般不宜

大角度修正,因为大角度修正不易掌握船运动的规律,往往使实测的测深线形成 S 形,但当偏移过大,接近测线间隔的 1/2 时,应采用大角度修正,必要时重新上线进行重测。要保持测量船舶在预定的测深线上航行,需注意以下几点。

(1)海区风流情况一般比较复杂,应时刻注意测量船舶偏离预定测深线的情况,并及时修正。

(2)当发生"跳点"情况时,不要急于修正,产生"跳点"现象有两种情况:一是定位出错,如卫星被遮挡等;二是由于风流影响使船位发生偏离。应分析原因后再进行处理。一般前者情况居多。

(3)要善于估计点位并及时修正。由于定位时显示的船位坐标稍微落后于实际船位坐标,按照显示的船位坐标指挥航向往往来不及,应估计出测船位置的提前量,提前进行偏离修正。

(4)注意测至岸边时,测深线易偏离,原因是岸边的流速、流向发生变化,或是舵手减速,提前做了转向换线的准备,多数情况是由于航速降低,流压角增大,而没有采取相应的措施。

2. 导标法

导标法可分为叠标法和方位导标法两种。

1)叠标法

叠标法通常用于码头、航道等大比例尺海道测量工作。如图 8-3 所示,在码头上设立前后导标,将前导标 A 和后导标 B 叠设在某一计划测深线上,测船 S 沿叠标方向航行,可使测船保持在计划航线上航行。换线时,将前导标 A 和后导标 B 及时转移到下一条计划测深线上。为提高测船测深线保持的精度,应注意将前后导标的距离尽可能加大。

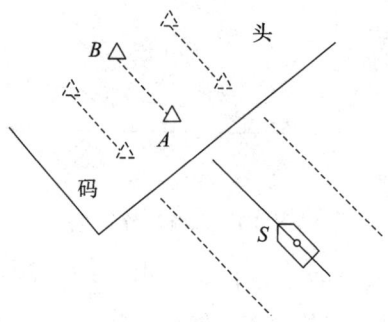

图 8-3　叠标法

2)方位导标法

有些测区由于地形条件限制,前、后导标之间的距离太近,无法设立叠标,或者由于距离太远,看不清导标,则可采用在岸上设立经纬仪站,利用经纬仪进行测船航迹控制,具体根据形式可分为平行测深线导标和辐射测深线导标等。

平行测深线导标是在岸上计划测深线的延长线上设立经纬仪站 A,将经纬仪的方位角设为计划测深线的方位 T,在岸上用经纬仪进行测船航迹控制,如图 8-4(左)所示。平行测深线导标应注意选择在平坦地区,这样有利于经纬仪站的架设和快速测线的转移。

辐射测深线导标一般设在岛屿或岬角等海区,如图 8-4(右)所示,测深线布设为辐射状,将经纬仪架设在岸上,对辐射测深线进行导标航迹控制。

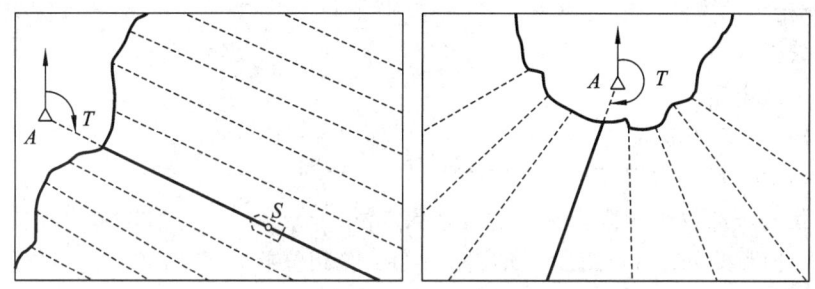

图 8-4　辐射测深线导标

3. 偏航指示法

　　一般在海上作业时,在布设好计划测深线的计算机屏幕上,利用实时显示的船位和航向即可实现测量船舶的航迹控制。但有时为更好地保证测量船舶保持在预定的测深线(或探测趟)上,可利用分显示器为操舵人员提供偏航信息,实时显示定位点距离计划测深线的垂距和偏航修正量。

　　偏航指示法是利用计算机计算出实时点位距离计划测深线的垂距和偏航修正量,并实时显示在计算机屏幕上,进行航向修正和航迹控制,如图 8-5 所示,从严格意义上讲,海道测量的点位位置是指所测水深在海底的准确位置。对于单波束测深仪而言,通常点位的位置就是换能器的位置,称为测深中心。偏航指示显示的位置应是测深中心的位置。

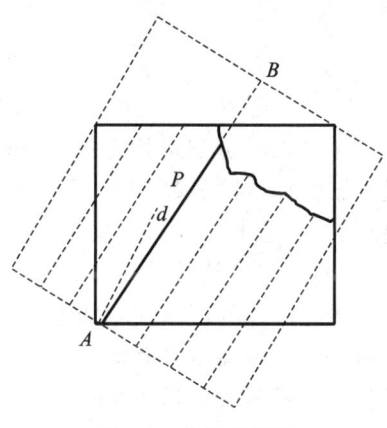

图 8-5　偏航指示法

8.2.2　测深定位

　　海洋定位通常是指利用两条以上的位置线,通过图上交会或解析计算求得海上某点位置的方法。与陆地定位相比,海洋定位有许多独特之处,其中,最显著的就是陆地定位一般在静止状态下进行,并可通过重复观测提高点位精度,而海洋定位一般在运动中进行,几乎不可能重复观测。另外一个重要的不同之处是海洋定位的实时性要求高,一般要求在海上实时得出点位坐标。

　　海上位置线一般可分为方位位置线、角度位置线、距离位置线和距离差位置线 4 种。通常可以利用两条以上相同或不同的位置线定出点位。

目前海洋定位的方法主要有以下几种。

(1)光学仪器定位。

(2)地面无线电定位。

(3)GNSS 卫星动态定位。

在海道测量中,目前常用以下方法定位。

(1)测距仪与经纬仪组合或全站仪的极坐标定位。

(2)DGPS 伪距差分(RTD、RBN-DGPS)及 DGPS 相位差分(RTK)。

在水深数据采集中,应保证定位点的点位精度满足以下要求。

(1)大于 1∶5000 比例尺测图时定位点的点位中误差应不大于图上 1.5 mm。

(2)小于(含)1∶5000 大于(含)1∶100000 比例尺测图时定位点的点位中误差应不大于图上 1.0 mm。

(3)小于 1∶100000 比例尺测图时定位点的点位中误差应不大于实地 100 m。

(4)航道、港池等重要水域内的障碍物、特殊浅点位置不大于实地 2 m。

1. 光学仪器定位

利用光学经纬仪、六分仪、全站仪进行海洋定位称为光学仪器定位。光学仪器定位的方法主要有前方交会法、后方交会法、侧方交会法和极坐标法。其中,前方交会法通常是在岸上的两个控制点 A、B 上设置经纬仪,同时观测测量船舶的角度或方位,进而求得船的位置;侧方交会法又称联合交会法,通常是利用在岸上的控制点和测量船上同时测定方位和角度位置函数等值线的方法确定船的位置。

2. 地面无线电定位

地面无线电定位技术常采用测距、测距差的方法进行定位,或者将两种方法混合使用进行定位。如果要求高精度定位,则常采用测距方法进行定位。在地球表面或外层空间建立若干个无线电发(反)射台,通过测量电波传播特性参数,确定运动体相对于发(反)射台的位置。根据两条位置线的交点确定运动体的二维坐标(x,y)。按无线电定位的工作原理区分,无线电定位主要有脉冲测距、相位双曲线、脉冲双曲线等工作方式。在海洋测量中,以岸台为基础的无线电定位通常采用测距差(双曲线)方法、测距(圆-圆)方法及圆-双曲线混合方法等。无线电定位按其作用距离可分为近程定位系统(最大作用距离为 150 海里)、中程定位系统(最大作用距离为 500 海里)、远程定位系统(作用距离大于 500 海里)。

无线电定位系统按定位方式可以分为圆-圆法定位和双曲线法定位。在应用无线电定位系统进行近程、中程和远程海洋测量定位中,主要采用测距法(圆-圆法)和测距差法(双曲线法)确定点位。相对应地,采用圆-圆法和双曲线法定位的无线电定位系统分别称为圆-圆定位系统和双曲线定位系统。

3. GNSS 卫星动态定位

无论采取何种方法,GNSS 卫星动态定位都是通过观测 GNSS 卫星获得的某种观测量来实现的。接收机接收的 GNSS 卫星信号含有多种定位信息,根据不同的要求,可以从中获得不同的观测量,主要包括以下观测量。

(1)根据码相位观测得出的伪距。

(2)根据载波相位观测得出的伪距。

(3)采用积分多普勒计数法得出的伪距。

（4）根据干涉法测量得出的时间延迟。

目前，广泛采用的基本观测量主要有码相位观测和载波相位观测两种。

所谓码相位观测，即测量 GNSS 卫星发射的测距码信号到达用户接收机天线（观测站）的传播时间，因此，这种观测方法也称为时间延迟测量。在卫星钟与接收机钟完全同步并且忽略大气折射影响的情况下，所得到的时间延迟量乘以光速便为所测卫星的信号发射天线至用户接收机天线之间的几何距离，通常简称为所测卫星至观测站之间的几何距离。

载波相位观测是测量接收机接收到的具有多普勒频移的载波信号与接收机产生的参考载波信号之间的相位差。由于载波的波长远小于码的波长，因此在分辨率相同的情况下，载波相位的观测精度远较码相位的观测精度高。载波相位观测是目前最精确的观测方法。

由于全球卫星定位系统采用了单程测距原理，因此要准确地测定卫星至观测站的距离，就必须使卫星钟与用户接收机钟保持严格同步，但在实践中这是难以实现的。实际上通过上述码相位观测或载波相位观测，所确定的卫星至观测站的距离都不可避免地会含有卫星钟和接收机钟非同步的误差。为了与上述的几何距离相区别，这种含有钟差影响的距离，通常称为"伪距"，并把它视为 GNSS 定位的基本观测量。我们将由码相位观测确定的伪距简称为测码伪距，而由载波相位观测确定的伪距简称为测相伪距。

下面主要介绍差分 GNSS 定位技术和载波相位差分技术，然后以中国沿 RBN-DGPS 信标差分系统为例，介绍 RBN-DGNSS 无线电指向标定位系统。

1）差分 GNSS 定位技术

根据差分 GNSS 基准站发送的信息方式可将差分 GNSS 定位技术分为位置差分、伪距差分、广域差分、相位平滑伪距差分。

这 4 类差分方式的工作原理是相同的，都是由基准站发送改正数，由用户站接收，并对其测量结果进行改正，以获得精确的定位结果。所不同的是发送改正数的具体内容不一样，其差分定位精度也不同。下面分别介绍这 4 类差分方式的工作原理。

（1）位置差分原理：安装在基准站上的接收机观测 4 颗卫星后便可进行三维定位，解算出基准站的坐标。由于存在轨道误差、时钟误差、SA 影响、大气影响、多径效应及其他误差，解算出的坐标与基准站的已知坐标存在误差，此误差称为坐标改正数。基准站利用数据链将此改正数发送出去，由用户站接收后对其解算的用户站坐标进行改正。

（2）伪距差分原理：伪距差分是目前用途最广的一种技术。几乎所有的商用差分接收机均采用这种技术。国际海事无线电委员会推荐的 RTCM-104 也采用了这种技术。首先，在基准站上的接收机要求得到它至可见卫星的距离，并将计算出的距离与含有误差的测量值加以比较，利用一个滤波器将此差值滤波并求出其偏差。然后，将所有卫星的测距误差传输给用户，用户利用此测距误差改正测量的伪距。最后，用户利用改正后的伪距求解出本身的位置，就可消去公共误差，提高定位精度。与位置差分相似，伪距差分能将两站公共误差抵消，但随着用户到基准站距离的增加，又出现了系统误差，这种误差用任何差分法都是不能消除的。用户与基准站之间的距离对精度有决定性影响，用户与基准站的距离越大，用差分法得到的位置精度越低。

（3）广域差分原理：为了在一个广阔的地区内提供高精度的差分 GNSS 服务，可将一个差分基准站与一个或多个主站组网。主差分站接收来自各监测站的差分 GNSS 改正信号，然后将其组合，以形成在扩展区域内的有效差分 GNSS 改正电文。通过卫星通信线路或无线电数据链把扩展后的 GNSS 改正信号传送给用户,这就形成了扩展的差分 GNSS。它不仅加大了差分 GNSS 的有效工作范围,而且保证了在该区域的定位精度。当离基准站的距离增加时,各种误差源限制了差分 GNSS 的精度。此时,最大的误差源是电离层延迟。当离基准站的距离大于 30 km 时,此项误差便起了决定作用。下一个最大的误差便是对流层误差。广域差分 GNSS 的原理,就是引入电离层模型并对流层模型和卫星星历误差进行估算(包括卫星钟差改正),以提高定位精度。

(4)相位平滑伪距差分原理:接收机除提供伪距测量外,只需稍加改进,就可同时提供载波相位测量。由于载波相位的测量精度比码相位的测量精度高 2 个数量级,因此,如果能获得载波整周数,就可以获得近乎无噪声的伪距测量。在一般情况下,无法获得载波整周数,但能获得载波多普勒频率计数。实际上,载波多普勒频率计数测量反映了载波相位变化信息,即反映了伪距变化率的测量。在接收机中一般利用这一信息估计用户的速度。载频多普勒测量精度高,并且精确地反映了伪距变化,因此,若能利用这一信息辅助码伪距测量,就可以获得比单独采用码伪距测量更高的精度。这一思想也称为相位平滑伪距测量。

2)载波相位差分技术

测地型接收机利用卫星载波相位进行的静态基线测量获得了很高的精度,但为了可靠地求解出相位模糊度,要求静止观测一两个小时或更长时间,这样就限制了其在工程作业中的应用。于是,一些快速测量的方法应运而生。例如,采用整周模糊度快速逼近技术 FARA 使基线观测时间缩短到 1 分钟;采用准动态往返重复设站动态提高 GNSS 作业效率。

差分 GNSS 定位技术的出现能实时给定载体的位置,精度为米级,满足了引航、水下测量等工程的要求。位置差分、伪距差分、相位平滑伪距差分等技术已成功地用于各种作业中。随之而来的是更加精密的测量技术——载波相位差分技术。

载波相位差分(Real Time Kinematic,RTK)技术,是建立在实时处理两个测站的载波相位基础上的。它能实时提供观测点的三维坐标,并达到厘米级的高精度。与伪距差分原理相同,载波相位差分由基准站通过数据链实时将其载波观测量及站坐标信息一同传送给用户站。用户站接收来自卫星的载波相位与基准站的载波相位,并组成相位差分观测值进行实时处理。载波相位差分能实时给出厘米级的定位结果。

实现载波相位差分 GNSS 的方法分为修正法和差分法两类。前者与伪距差分相同,基准站将载波相位修正量发送给用户站,以改正其载波相位,然后求解坐标;后者将基准站采集的载波相位发送给用户进行求差并解算坐标。前者为准 RTK 技术,后者为真正的 RTK 技术。

3)RBN-DGNSS 无线电指向标定位系统

1995 年至今,我国沿海地区建设了众多 RBN-DGNSS 基准台。我国沿海离岸 300 km 内的导航定位精度优于 5 m。从鸭绿江口到西沙群岛,我国沿海已形成了覆盖(或多重覆盖)所有沿海港口重要水域和狭窄水道的高精度导航、定位服务网。

(1)定位要求。

为了保证测深定位精度,一般要求如下。

①定位中心与测深中心应尽量保持一致,对于大于(含)1∶10000 比例尺测图,二者水平距离最大不得超过 2 m;对于小于 1∶10000 比例尺测图,二者水平距离最大不得超过 5 m。通航水域扫海应将定位中心归算到测深中心,或将定位中心置于扫测带中心线上。

②测深与定位时间应保持同步,求取时间延迟改正值可采用以下方式。

（a）定位系统与测深仪自身的硬件延迟修正。

（b）在测区海底选择特征点时，对测船测得的数据进行统计计算。

③航迹线定位点要求如下。

（a）不能实施数据自动采集的浅水区，其航迹线定位点的间隔规定如表 8-1 所示。

表 8-1　航迹线定位点的间隔规定

序号	测量情况	平坦海区图上间隔/cm	复杂海区图上间隔/cm
1	机动船、测深仪测深	4.0	3.0
2	机动船、测深杆、水砣测深	1.2	1.0
3	非机动船、测深杆、水砣测深	0.6	0.5

（b）能实施数据自动采集的测区，其航迹线上注记点号的标记点一般应与测深仪打标线一致，航迹线上标记点间隔一般为图上 2～4 cm。

④定位系统自设基准台位置的测定要求：对于大于（含）1∶10000 比例尺测图，按 GPS D 级点要求测定；对于小于 1∶10000 比例尺测图，按 GPS E 级点要求测定。

⑤凡遇有下列情况之一的：改变航速；改变航向 5°以上；调换测线；发现特殊水深及避碰等，均应及时定位。

（2）极坐标定位。

极坐标定位又称"距离-方位"定位，通常应用于港区等地形封闭的大比例尺水深测图。

极坐标定位的一般要求如下。

①当测角仪器与测距仪器不能作同心架设时，测角仪器应架设于设站点的标石中心，测距仪器作偏心架设。在计算被测点位置时，测距仪器架设点应作归心改正（归算到设站点的标石中心）。

②使用经纬仪测角时，起始方向在测前、测中及测后每隔 1～2 h 均应进行检查和校正。起始方向的变动不得超过 1′，如果超过 1′又找不到原因，则从上一次检查时间开始至发现超限时间内的成果全部作废。

③极坐标定位中误差计算公式为

$$E_0 = \pm \sqrt{m_d^2 + (0.3 m_a D)^2} \tag{8-4}$$

式中，E_0 表示定位中误差，单位为 m；m_d 表示测距仪器的测距中误差，单位为 m；m_a 表示测角仪器的测角中误差，单位为（′）；D 表示测站至测量船的距离，单位为 km。

（3）卫星定位。

目前，适用于沿海港口、航道测量的卫星定位方式主要有 DGNSS 伪距差分（RTD、RBN-DGNSS）及 DGNSS 相位差分（RTK），后者用于高精度定位的测深。

GNSS 定位的一般要求如下。

①一般应使用六通道（含）以上的测量型接收机。对于要求高精度定位的水深测量工作，应使用全跟踪型接收机。

②DGPS 接收机的检验要求如下。

（a）每年出测前及 DGNSS 接收机大修后，应至少在一个等级点上（GPS D 级以上）进行一次连续 8 h 比对性检验，采样间隔不大于 1 min。

（b）每个工地作业前，应按要求至少在一个已知点上进行不少于 1 h 比对性检验，采样间隔不大于 1 min，仪器稳定且精度满足后，方可使用；工地结束前，再按上述要求检验一次。

（c）根据采集数据的平均值（或已知值）分别计算其内、外符合定位精度。X、Y 方向的均方差按下式计算

$$m_x = \sqrt{\frac{\sum_{i=1}^{n}(x_i-x_0)^2}{n-1}} \tag{8-5}$$

$$m_y = \sqrt{\frac{\sum_{i=1}^{n}(y_i-y_0)^2}{n-1}} \tag{8-6}$$

式中，x_0、y_0 为平均值或已知值；x_i、y_i 为观测值。

内、外符合定位精度按下式计算

$$m_z = \sqrt{m_x^2 + m_y^2} \tag{8-7}$$

③每次开机或复位后的参数设置如下。

（a）输入船位的近似经纬度。

（b）选择差分作业模式。

（c）卫星仰角限值根据需要选择，应大于等于 10°。

④应进行 WGS84 坐标系统与所需测量坐标系统的转换，可选择在线实时转换，或在后面处理时进行坐标转换。经业务主管部门认定的坐标转换软件或转换参数（每港固定一组），使用前应在测区的 GPS D 级点（含）以上控制点比对转换精度，已知值与转换值的坐标分量比对互差应小于 E_0（E_0 为 GPS 接收机的内符合精度，单位为 m），且应小于规定的水深测量定位点点位中误差的要求，否则应分析原因并进行相应处理。

（4）定位联测比对。

无论采用何种组合的 GNSS 定位，测船在施测过程中均应选择固定特征点（该点位置精度不低于 GPS E 级）进行联测比对，发现问题及时解决。比对要求如下。

①每个工地施测第一天或当基准台变动、定位参数变动、测区变动等情况下需做上述比对工作，以后应不超过 15 个工作日比对一次。

②联测比对时船上接收机天线应尽量置于比对点上，或根据测量接收机天线距比对点的方位、距离进行归算。

③每天作业前均应检查接收机内定位参数设定是否正确，并记录。

8.2.3　单波束回声测深技术

1. 单波束回声测深仪的检验

单波束回声测深仪在深度测量之前必须进行稳定性试验和航行试验。

单波束回声测深仪每年出测前，必须做一次 8 h 稳定性检验。试验场必须选择在水深大于 5 m 的海底平坦处，连续开机时间不得少于 8 h。试验中每隔 15 min 比对一次水深，水深比对限差应在 0.1 m 以内，并测定一次电压。模拟记录应连续、清晰、可靠。对于非固定安装的测深仪，可在仪器房内利用水深模拟器进行 8 h 的稳定性试验。

每个工地作业前应进行联机测试,时间不少于 2 h,待仪器运转正常且稳定后,才可以使用。仪器大修后,使用前应按上述要求做 8 h 稳定性检验。单波束回声测深仪的操作和维护应按其说明书及相关规定的要求执行,测深过程中测深仪电源的电压变化不得超过额定电压的 10%。

航行试验是当测深仪换能器安装后或变换位置时进行的试验。试验时应选择水深变化较大的海区,检验测深仪在不同深度和不同航速下工作是否正常。试验不合格的仪器,不能用于深度测量。

2. 单波束回声测深仪测得的数据改正

实际工作中需要准确测定瞬时海面至海底的深度,而单波束回声测深仪测得的深度为换能器底面至海底的距离,同时,由于单波束回声测深仪的设计声速与实际声速不同,因此,使用单波束回声测深仪测得的数据需要进行静态吃水改正、动态吃水改正、声速改正等,以消除仪器固有的误差,此外,还应注意用校对法检查测深仪的相关规定。

1)静态吃水改正

静态吃水改正数是指测船在静止情况下,由海面至换能器底面的垂直距离。换能器的安装有两种方式:一种是携带式;一种是固定式。对于携带式换能器,在测量之前,安装换能器前通常会在安装杆上做好吃水标志,用皮尺精确量取换能器表面至吃水标志的距离,并做好记录。安装时使水面与吃水标志在同一水平面,同时尽量保持安装架垂直于水面,确保波束垂直发射。在对单波束回声测深仪进行设置时将换能器吃水置入,以便改正。这样单波束回声测深仪输出的水深值即为水面至海底的垂直距离。对于固定式换能器,在测深时,要知道它的位置,同时测量过程中要经常读取位置信息,以便改正。

2)动态吃水改正

测量船舶在航行时,由于海水阻力的作用,使船首翘起、船尾下坐,容易发生浅水失速和深度失真现象。船舶在浅水区高速航行时更加明显。在这种情况下,换能器的动态吃水改正数与静态吃水改正数是不同的,应当分别测定。测定动态吃水改正数的方法很多,下面介绍一种精确方法和一种简便方法。

(1)精确方法。

选择一片海底平坦、底质坚硬的海区,水深为船吃水的 7 倍左右(测量更浅水深时也要对这种测区进行测定),该海区要保证船舶能够用各种船速航行。同时,在岸上选择适当位置架设一台水准仪,在船上换能器的位置竖立水准尺,保证水准仪能观测到水准尺,并有 1 m 左右的动态范围。测定时选择一个测点,在该点抛设一浮标,其缆绳要尽量缩短。首先当船舶靠近浮标时停下,从岸上用水准仪观测水准尺并记下其读数,然后测船以测量时的各种船速通过浮标的一侧(与原来停靠点尽可能一致),水准仪照准船上标尺读数,两次读数应去掉潮汐的影响,再取二者的差值,即为船体在换能器所处位置的下沉值。每一种船速应按上述方法观测 3 次以上,并取平均值,即为测量船在某一航速下的动态吃水数。在后期处理数据时一般是将不同的数据分开处理。

(2)简便方法。

在测量海区选择一平坦处设置浮标,首先将船停于浮标旁,测定该时刻的仪器读数(静态读数),然后船舶以不同航速通过浮标,当浮标位于正横位置时,记下时间和仪器读数(动态读数)。静态读数与经水位变化修正后的动态读数之差,即为该测船在该航速下的动态修正量。

为提高动态吃水改正数的精度,每一种航速应测定数次,每次都应从浮标旁边通过。

3)声速改正

根据单波束回声测深仪的工作原理得出

$$Z = \frac{1}{2} \int_0^t v(t) \mathrm{d}t \qquad (8-8)$$

因此,单波束回声测深仪测量的深度精度与声速、水深有直接关系。其中,声速主要与水温、盐度有关系,因为不同时间段、不同的深度,其水温、盐度一般是不一样的,所以声速也不一样。

在测量时,由于单波束回声测深仪只能使用一种声速,而不同深度的声速不一样,因此,必须测得不同深度的声速改正数。

假设在单波束回声测深仪上设置的声速为 v_0,而实测的平均声速为 v_m,在深度一定的情况下,声波由换能器经海底反射后接收的传播时间是固定的,即

$$Z_S = \frac{1}{2} v_0 t, \quad Z_m = \frac{1}{2} v t \qquad (8-9)$$

$$\Delta Z = Z_S \left(\frac{v_m}{v_0} - 1 \right) \qquad (8-10)$$

4)消除仪器固有的系统误差

在仪器投产之前,会对仪器进行率定,测量出该误差,并在仪器中进行设定,这样仪器固有的系统误差在输出的水深中就得到了消除。

5)测深仪总改正数

在使用单波束回声测深仪时,应测定仪器的总改正数。总改正数是指测深仪器差改正数、静态吃水改正数、动态吃水改正数等各项改正数的代数和。在实际测量工作中,测深仪器差改正数常使用校对法或声速仪测定。

用校对法测定测深仪器差改正数适用于 $0 \sim 20~\mathrm{m}$ 水深,可用检查板对测深仪进行校正。在校正仪器时,测深仪应处于正常工作状态,在海况平静且船舶处于漂泊和平衡状态下进行。在使用检查板或金属绳水砣时,测深仪的器差改正数求法为

$$\Delta Z_T = Z_V - Z_S \qquad (8-11)$$

式中,ΔZ_T 表示测深仪的器差改正数,单位为 m;Z_V 表示检查板的深度读数,单位为 m;Z_S 表示测深仪测得的深度读数,单位为 m。

6)校对法检查测深仪规定

(1)用校对法检查测深仪时,一般应于测深开始的第一天进行测前和测后改正数测定(测前、测后检查时间应控制在测深开始与结束的前后 2 h 以内)。相同深度测前、测后改正数差值不得超过 1σ(极限误差 2σ 的值见表 8-2)。以后每隔 15 d(天)测定一次,在此期间每天测前只需比对一个水深,当发现与第一天的改正数曲线相同深度比较超过 1σ 时,应立即重新进行测前、测后仪器差改正数测定。在每天比对一个水深时,水深应大于 5 m,且应在测区进行,并做好记录。

表 8-2 校对法检查测深仪规定

测深范围 Z	极限误差 2σ
$0 < Z \leqslant 20$	± 0.3
$20 < Z \leqslant 30$	± 0.4

测深范围 Z	极限误差 2σ
$30 < Z \leqslant 50$	±0.5
$50 < Z \leqslant 100$	±1.0
$Z > 100$	$\pm Z \times 2\%$

(2)当使用校对法检查测深仪时,每次测前和测后的检查点数规定如下。

①当 $\Delta Z \leqslant 5$ m 时,应检查两个点(最浅点、最深点)。

②当 5 m $< \Delta Z \leqslant 10$ m 时,应检查三个点(最浅点、中间点、最深点)。

③当 $\Delta Z > 10$ m 时,应检查四个点(最浅点、最深点,以及中间的两个点。要求中间的两个点分布均匀)。

ΔZ 为测区最浅和最深水深的差值。

(3)校对测深仪使用的金属(多芯胶皮电缆)绳,在每个工地作业之前应检验一次,其后定期进行检查,如有误差应立即调整其深度符号于正确位置处。

(4)在水纹因素变化大的海区,如流量较大的河口地段,以及持续暴雨和台风后岸边浅水区等,均应增加测深仪检查次数或声速剖面测定次数。

(5)大于 20 m 水深应使用声速仪检查测深仪的器差,可直接使用声速改正,也可将声速剖面换算成测深仪的器差,使用声速仪求取测深仪器差需满足以下三个必要条件。

①声速仪应预先经过校准。

②声速采样应满足规范的要求。

③改正需要的软件需经过准确的比对确认。

在使用水砣测深时,水砣绳必须使用伸缩小的材料制成,测前和测后均应检验水砣绳深度标记数值,检验时读至厘米刻度。

8.2.4　多波束回声测深技术

1. 用多波束回声测深仪测深

用于测量水深的回声测深仪的工作频率为 $12 \sim 500$ kHz。信号的波长越短,测量的空间和时间分辨率就越高。然而,声波的衰减大约与频率的平方成比例。因此,深度穿透要求、可能的能量输出和分辨率必须相互平衡。

常见的用于典型开阔海洋水深测量的多波束回声测深仪工作频率约为 12 kHz 或 30 kHz。为了实现高空间分辨率,通常信号必须聚焦在 $0.5° \sim 4°$ 的开角之间。这需要在船体中安装长度为几米的发射和接收换能器阵列。

巨大的换能器和复杂的安装使深水多波束回声测深仪成为昂贵的设备,因此,目前民用船舶中只有少数测量配备了深水多波束声呐,其中包括 4 艘适用于北冰洋中部冰层条件的最高极地级别的破冰船。

声音在水中会发生折射,因此其在水中的速度不是恒定的,并且声音信号在水中传播时,通常不会沿直线传播。在将测量的时间延迟转换为探测点时,必须考虑声音信号通过水柱的路径,因此,对于多波束勘测,必须测量声速。液体中的声速是体积模量和密度的函数,在海水中,这些特性及声速可以通过温度、盐度和压力进行高精度估算。因此,测量这些参数的 CTD

仪器可以替代直接测量声速的仪器。

在浅水区,当出于航行安全目的收集数据时,必须遵循高质量标准的程序原则,例如,要对海底进行完整甚至多次声波化或高精度声速测量。国际标准化工作的存在是为了保证跨越每个国家领海边界的海图质量是一致的。在多学科研究巡航期间,在开阔的海洋中收集数据,通常需要做出妥协,因此,深海中的多波束轨道模式往往与海道测量地理学家习惯看到的笔直、平行和等距的轨道有所不同。

2. 多波束声呐

多波束声呐的工作原理是用两个延长的压电元件阵列发射和接收声学信号。换能器阵列通常以 T 字型排列,即所谓的"米尔十字"。图 8-6 显示了多波束回声测深仪的基本原理。在单个换能器元件的信号之间施加相位偏移,使发射波面上的能量分布集中在沿船方向,使垂直于船龙骨的海底窄带发生共振。当在接收器阵列上记录时,类似的时间延迟也适用于从海底反向散射的信号。由于接收器阵列垂直于发射阵列,因此,观测到的海底窄带垂直于声波化区域。这两个窄带的交叉点通常被称为"波束"。在接收器阵列上重复应用不同的相移会在垂直于船龙骨的窄带中形成许多波束。记录的原始数据包括换能器 α 处的光束角和相应的双向行程时间 Δt。

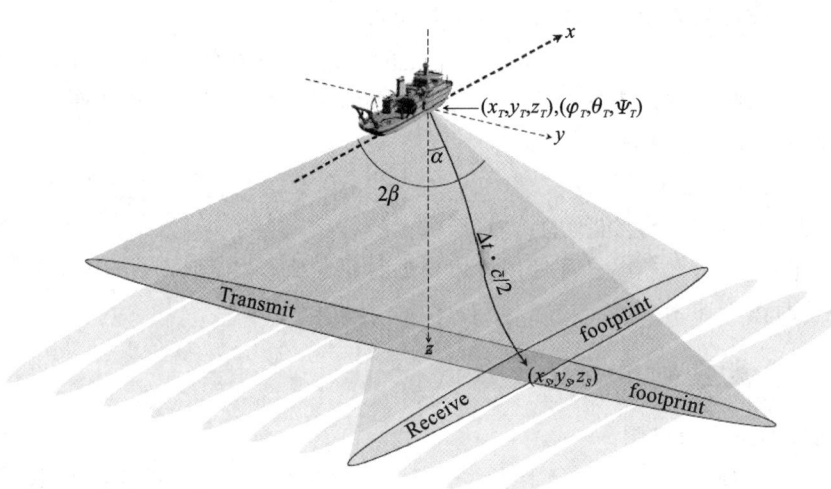

图 8-6　多波束回声测深仪的基本原理

类似于波动光学原理,换能器的波长和长度决定了旁瓣相对于主瓣的抑制程度,即光束宽度。对于 12 kHz 频率的典型深水多波束声呐,1° 的波束宽度需要约 8 m 的换能器。

通过调整相位偏移,可以补偿船舶的运动,在接收端滚动,在发送时俯仰。为了确定光束在三维空间中的确切位置,换能器在信号发射和接收时的方向和位置是关键信息。因此,一个多波束装置总是包括一个高度精确的惯性运动传感器和一个定位系统,以跟踪船舶在空间的方向和位置。对于每组 α 和 Δt 检测,位置 (x_T, y_T, z_T) 以及滚动、俯仰和偏航角 $(\varphi_T, \theta_T, \Psi_T)$ 均会被记录下来。

声呐技术仍在不断发展,特别是信号处理方面在不断提高空间分辨率和测量精度。对于每个信号发射周期,现代多波束声呐能测量数百个波束,或者使用最新技术进行相当的海底探测。最新一代的多波束回声测深仪能够在 1000 m 水深时提供高达 10 m 的空间分辨率,并随着水深的增加而呈近似线性扩展。这种系统对船舶的运动(包括偏航和航向)是完全补偿的。换能器上的波束角可以被优化,以便在海底获得等距的探测结果。在充分考虑水柱中的声速曲线的情况下,在对接收的信号进行波束处理之前,要进行声速改正。声呐技术的发展是迅速的,未来的潜在发展包括合成孔径技术和高带宽频率调制信号。

8.2.5　水深测量数据采集系统

随着计算机技术、空间技术、电子技术和通信技术的发展,海道测量技术也从传统的、古典的作业方式中摆脱出来。过去手工作业的测量模式已经被计算机实现的测量数据采集、记录和处理的自动化模式所代替,海道测量在外业测量、内业处理、数据管理和测量产品等方面已经全面实现了数字化。各种数字水深测量数据采集系统不断应运而生,其功能也向着自动化、智能化、高精度和高效率的方向发展,并不断得以完善。

水深测量数据采集系统在国内外比较多,例如,国外的有 HYPACK、HYDRO 水深测量数据采集系统,国内的有广州南方测绘科技股份有限公司和广州中海达卫星导航技术股份有限公司的商业化水深测量数据采集系统。以上这些国内外的系统在结构、功能及原理上都十分相近,即以计算机为中心,一方面运用各种接口技术及模/数转换的手段,为各类定位、测深及海洋探测的传感器进行外业测量原始数据的采集和实时导航;另一方面利用各种模式的数字信息记录手段存储所采集的大量外业数据,将采集和存储的数据交由计算机进行编辑处理,包括潮汐水位改正和各项仪器改正等,并控制绘图机绘出水深图,从而实现测量和成图的一体化和自动化。

目前,水深测量数据采集系统的平台主要以水面船舶为主,随着机载激光测深和遥感测深技术的发展,其平台也将包括飞机和卫星等。

水深测量数据采集系统的组成可分为硬件和软件两部分,如图 8-7 所示。下面分别加以介绍。

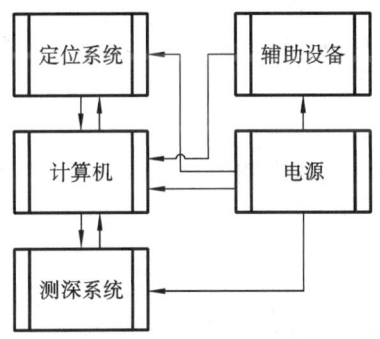

图 8-7　水深测量数据采集系统的组成

1. 硬件部分

硬件主要由计算机、定位仪、测深仪和电源等部分组成。下面主要介绍定位仪和测深仪。

1)定位仪

定位仪可以为系统提供准确的定位数据。定位仪一般由光学仪、无线电定位仪、卫星定位仪组合而成。

早期的定位仪主要采用光学仪和无线电定位仪。随着卫星定位系统的广泛应用,特别是差分技术的使用,使得定位的精度和效率大大提高。目前的定位手段主要采用 GNSS 卫星定位,常用的定位方式有单点定位、差分定位和 RTK 定位。测量的精度由米级到厘米级,可以根据不同的测图精度要求,选择相应的定位仪。

计算机通过数字化接口直接从接收机中采集位置、日期、时间和星历等定位数据,采样率一般可以达到 1 次/秒,甚至更高。对于差分定位和 RTK 定位,定位仪一般还包括差分数据和无线传输链。

2)测深仪

测深仪可以为系统提供各种深度数据。测深方法主要有单波束测深仪、双频回声测深仪、多换能器扫测系统、侧扫声呐、多波束测深系统和机载激光测深系统等。可以根据不同的测区要求选择相应的测深仪。目前的测深仪基本上都已实现数字化,利用接口计算机可以直接从测深仪采集数字化的深度信息,同时发出指令,控制测深仪进行打标,打印线号、点号及时间等信息。

此外,一些高精度的水深测量数据采集系统,如多波束测深系统,还包括电罗经、船姿态传感器等辅助设备。

目前,用于大比例尺精密海道测量工作的水深测量数据采集系统多采用 GPS 自主差分技术,其组成还包括 GPS 差分基准站,该站主要由相同精度的 GPS 接收机和数据传输链等组成。

2. 软件部分

不同的测量软件其功能各不相同,下面分别进行介绍。

1)图幅参数设置

图幅参数设置主要包括坐标系统、投影方式、图幅坐标、比例尺等内容。在测量之前应预先设置好这些参数,为外业测量做好准备。

2)作图与注记

(1)计划测深线布设:根据测区图幅参数的范围和测量要求,确定测深线的间隔和方向,用鼠标或键盘输入等方式布设计划测深线。

(2)点线编辑:在图幅中对测量航迹线、控制点、特殊点位或区域进行文字和符号等注记,实现点线的编辑功能。

3)测量参数设置

测量参数设置包括选择定位仪、选择测深仪、串口设置、选择波特率、测量中心设置、固定偏差改正、延迟改正等。

4)数据采集、数据记录与实时导航

(1)数据采集。

数据采集分为定位数据和水深数据。

定位数据:通过计算机与定位仪器之间的接口设置,读取时间、点位坐标、卫星星历和卫星状态等信息。

水深数据:读取测深仪的水深数据,并控制测深仪进行打标,打印线号、点号及时间等信息。

(2)数据记录。

设置测线记录文件的名称,内容包括测量线号、点号、时间、点位坐标、水深等。

(3)实时导航。

实时导航分为船位显示和信息显示。

船位显示:将实时船位显示在布好计划测线的图幅中,窗口可以自动跟踪船位的移动。有的软件还可将图幅和船位显示在测区的电子海图上,增加测量的真实感。

信息显示:将船位坐标(经纬度或平面坐标)、航向、航速、水深、测线名、点号、卫星数、时间、PDOP、仪器设备状态及偏航指示等信息实时显示在屏幕上,为测量提供直观信息。

5)辅助功能

辅助功能包括提供坐标转换、土方量计算、定位延时测试等。

8.2.6　主要技术要求

1.测深密度与水深密度

1)测深密度

对测深密度的要求如表 8-3 所示。

表 8-3　测深密度要求

测量方法	平坦区域图上间隔/cm	复杂区域图上间隔/cm
机动船、测深仪	4.0	3.0
机动船、测深杆、水砣	1.2	1.0
非机动船、测深杆、水砣	0.6	0.5
测量线间距	1.0	

2)水深密度

对水深密度的要求如表 8-4 所示。

表 8-4　水深密度要求

地区	泊位、港池、航道深度点间距离/m	开阔水域深度点间距离/m
复杂区域	3～4	4～6
一般区域	4～6	6～8
平坦区域	6～8	8～10

2.计划测深线布设

为了较准确地反映水下地貌特征,以及有利于发现航行障碍物,需要对计划测深线布设进行规定,国家海道测量规范为此制定了以下原则。

(1)有利于完善显示海底地貌:近岸海区海底地貌的基本形态是陆地地貌的延伸,加上近岸地区受波浪、河流、沉积物等的影响,一般垂直海岸方向的坡度大、地貌变化复杂,应选择坡度大的方向布设测深线。在平直开阔的海岸,测深线方向应垂直等深线或海岸的总方向,这样有利于完善显示海底地貌。当使用多波束回声测深仪时,测深线的布设宜平行于等深线的方向。

(2)有利于发现航行障碍物:测深线方向选择得当,可发现一些过去不知道的航行障碍物。平直开阔的海岸,测深线垂直海岸总方向,有利于发现水下沙洲、浅滩等航行障碍物。在小岛、礁石附近,等深线往往平行于小岛轮廓线。

（3）有利于提高作业效率：在海底平坦的海区，可根据工作上的方便选择测深线的方向，尽量避免经常换线，这样有利于船舶锚泊和航渡时间。

3. 补测与重测

测深密度出现以下情况时需要进行补测：

（1）测深信号漏测长度在定位图上超过 3 mm 时，均应补测。对于地貌复杂的海区，不得发生漏测现象；

（2）记录式测深仪的零信号或回波信号不正常，不能正确量取水深时；

（3）不能正确勾绘等深线或海底地貌探测不完善时；

（4）验潮工作时间不符合要求时；

（5）测深线间隔超过规定间隔的 1/2 时。

测深密度出现以下情况时需要进行重测：

（1）主、检测线比对超过技术规定要求时；

（2）定位中误差超限时；

（3）所使用的定位仪及测深仪不符合本规定相关的要求时；

（4）水位控制超限时；

（5）其他严重违反本规定要求时。

8.3　发　展　方　向

航海图为了促进海上安全而存在，通常具有"浅滩偏差"。它们必须能够描绘任何已知的对航运可能构成威胁的底部浅点特征，但不需要指示海底地形的所有深度，因此海图上指示的深度数据并不能提供海底的完整视图。

在开阔的深水区海域，测线之间的差距远大于感兴趣的特征的大小。在卫星测高之前，经证实仅依靠机器算法的插值并不能获得令人满意的效果，并且地图是手工绘制的，有时在板块构造理论和对海底结构的理解的引导下会带有一定的艺术色彩。美观的海图具有鼓舞人心的价值和流行的吸引力。由 Bruce Heezen 和 Marie Tharp 制作的著名洋盆形状"地理学"图就满足了人们了解海底板块构造特征的愿望。

手绘地图可以在容易计算之前的时代智能合成辅助信息。例如，了解板块构造理论，可以通过追踪远震定位的地震震中在未测量区域绘制板块边界。假设在远离大洋中脊的地方，深度的增加大约是距离大洋中脊的平方根，了解断裂带的突变性质，就可以猜测出深度等值线的位置。正是基于类似的考虑，海洋总测深图委员会（GEBCO）在 1970 年开展第 5 版系列海图制作时进行了重组，纳入了海洋地质学家和海道测量学家。

所有传统方式制作的地图，都显现出人类选择对描绘海底纹理的影响。不仅仅是针对大洋中脊区域，在整个海洋盆地的海图描绘中都是如此。例如，GEBCO 制作的图表显示，沿某些地理边界的海底粗糙度似乎发生了变化。然而，在这些边界发生变化的不是真正的海底纹理，而是绘制每张图表的制图员。

GEBCO 和其他等深线图，虽然在纹理表达上有这些缺陷，但对研究的影响也比其他地图要大，因为等深线可以数字化，通过输入机器算法，产生一个网格，从而在规则的点阵上产生深度估算的数值，这种网格极大地促进了各项研究的应用。无论使用何种网格化方案，由等深线产生的网格都会受到一种被称为"梯田"的统计偏差的影响,网格中的数字更有可能等于或接近等深线的值,而不是介于两者之间的其他值。阶梯化抑制了对网格底坡的真实计算,并导致地球物理模型通过最小二乘回归法拟合网格数据时出现了偏差。

8.3.1 卫星测深

卫星和船舶是高度互补的测绘工具,卫星以较低的分辨率提供快速的全球覆盖,较慢的船舶则提供有针对性的高分辨率测量。卫星点在地球表面移动的速度是海道测量船的 1000 多倍,一颗卫星可以在一年多的时间内用密集的(间隔 5 km 左右)地面轨道网络对海洋进行测量。根据美国国家海洋和大气管理局承包的约翰·霍普金斯大学应用物理实验室的设计研究,可知为从太空测量水深而设计的卫星任务的总成本包括合适的测高仪、主航天器、发射和运行设备等,投入相当可观。

卫星测量水深大约是水中船舶的 2×10^4 倍,其中,三个数量级来自速度,一个数量级来自成本。然而,卫星测深方法的分辨率也低得多。目前,最先进的声学扫描制图系统可以获得 100 m×100 m 的深水区域海底"像素"图像,而可用的卫星高度计海洋地图解决 10 km×10 km(半波长)的区域分辨率仍显不易。相信新的天基测深任务终究会解决分辨率低的问题,但如果用分辨率除以成本衡量成本效益,空间测深可能比声学测深多出 8 倍甚至更多。

卫星可能是更有效和更具成本效益的测绘工具,其最大的优点在于统一和全球覆盖。这种测量方式不会在水体中产生噪声,因此不会干扰海洋生物。通过携带相同的传感器,它们在全球范围内能产生细节水平一致的测量成果。因此,如果一张卫星地图显示了海底纹理的变化,那么可以确定这些纹理的变化是真实的。如果需要的话,则可以通过准确定位的船舶对其进行更详细的测量。水深测量的许多应用,都需要全球统一的分辨率,以及对纹理或粗糙度的空间变化的保真度。

携带各种传感器的遥感航天器可以绘制整个地球的地图,并且已被证明是测量各种属性的非常有效的工具。例如,2005 年 Schutz 等人在探索冰冻圈的 ICESat 任务中飞行的 LiDAR;2006 年 Williams 等人执行 LANDSAT 计划用于监测地球表面过程的多光谱平台;2007 年 Drinkwater 等人调查大地水准面的形状的 GOCE 重力仪;2007 年 Farr 等人绘制航天飞机雷达地形任务的陆地地形图微波仪器,等等。

自从 1979 年 Born 等人执行 Seasat 任务以来,各种雷达传感器以高度计的形式被用于检测海面高度波动。海面相对接近大地水准面。然而,一些因素导致了海面高度小的异常。这些因素不仅包括海底地形和海底下层结构,也包括海流、潮汐、风应力和大气压力。在对后一种动态因素进行校正后,海面将是一个重力不变的等势面。因此,海面高度起伏可以导致海洋重力异常,而海洋重力异常主要由水深决定。水深测量产生的海面高度起伏在几十或几百千米的距离上是以分米为单位的。

从海洋重力异常可以得出水深测量的近似值。由于海底结构对海面高度的影响无法与测深影响区分开来,因此必须对未知的海底结构做出假设,并对得出的测深值用船舶探测数据进行校准。

从卫星测高仪测量得出的水深,与船上回声探测相比有一个很大的优势,那就是可以非常有效地实现对世界海洋的完全覆盖。由于大部分海洋都没有用回声测深数据进行测绘,这个优势怎么强调都不为过。

然而,卫星测高数据对水深测量的推导也仍存在如下一些问题。

(1)测高仪推导出的水深测量的空间分辨率受限于观测水深时通过其对几千米外的海面的影响而发生的平滑。通常情况下,可以达到 10~15 km 的分辨率。

(2)海底下有复杂而厚重的沉积层区域,在反演过程中会存在一些问题,因此需要对海底地质的密度分布做出假设。不均匀密度的影响不能完全与测深效应区分开来。在大陆架上,测高仪获得的测深数据问题尤其明显。

(3)测高仪数据中的噪声显示为典型的“桔皮”结构,特别是在平坦地区的测深(如深海中的平原)。

(4)常年被海冰覆盖的地区(如北冰洋),对卫星测高也造成了额外限制。

(5)常用于测高仪衍生水深测量的卫星的倾斜轨道不能覆盖高纬度的所有海洋。

基于卫星测高和回声探测数据组合的数字测深模型对全球或大洋范围内的海底形态进行了真实、连贯的描述,尤其是在基本上没有船载测量的地区(如南大洋)。在这里,纯粹以探测为基础的数字测深模型(如 GEBCO 的海洋水深图)的细节就少得多。然而,在某些大洋中,探空数据库可能使数字测深模型不必依赖测高仪的测量。与分辨率为 10 km 左右的卫星测高相比,在回声探测数据之间的空隙上进行数值内插,结果可能比设想的要好很多。即使在北极这样遥远的海洋,也可以通过这种方式获得足够的数据来编制数字测深模型。

8.3.2　高度重力测深

天基雷达传感器不能直接“看到”深海海底(在非常浅和非常清澈的水中,激光或多光谱扫描系统可能会看到海底)。天基洋底测绘是可能的,因为海底地形会产生重力异常而使洋面倾斜,这种倾斜是可以用雷达高度计测量的。这些海洋表面的倾斜可以直接解释为重力方向的异常,称为“垂直偏转”。所关注的垂直偏转的振幅从 1 到几百微弧,或 $0.2''$~$60''$;海面的一微弧倾斜使每千米水平距离的海面高度变化 1 mm。

垂直方向的异常是补偿惯性导航系统(INS)误差的重要信息。如果没有这样的修正,INS会错误地将偏转异常解释为船舶的加速。在冷战期间,一些潜艇上使用的 INS 采用了一种误差补偿方案,需要一张精度相当高的垂直偏转图,这就把这些潜艇的操作地理范围限制在美国海军用精确的重力测量覆盖的地区(卫星导航信号不能被水下天线接收)。今天,许多军用和民用船舶在全世界范围内采用 INS 作为 GNSS 的备份。

海面上的重力异常场服从一个数学方程(拉普拉斯方程),它允许人们从垂直方向的偏移中恢复重力大小的异常(简称重力异常)。这很有用,因为重力异常更容易解释,并与海底结构相关联,而且还可以与携带重力计的船舶的独立测量结果进行核对。粗略地说,1 微拉德的垂直偏移可以与 1 毫加仑的重力加速度异常有关。1 毫伽利略是 10^{-5} m/s^2,由于标准重力约为9.8 m/s^2,所以微弧度和毫伽利略都代表着百万分之一大小的异常。

一旦偏移被转换为重力,就可以利用水深与重力的相关性进行测深制图,并利用现有的探测数据校准相关性以保持测深图的准确性。这意味着来自空间的测深实际上是另一种内插方案,用于填补测量之间的空白。然而,这种用技术经验确定的重力和测深之间的交叉协方差取代了人类的选择和艺术,体现了真正的物理规律。这样得出的洋底纹理与传统海底地形图形成了明显的对比。由于卫星提供的是统一无偏见的全球覆盖,因此该技术的局限性仅取决于重力与地形相关性以及测高仪的测量误差。

本章参考文献

［1］　阳凡林,暴景阳,胡兴树.水下地形测量[M].武汉:武汉大学出版社,2017.

［2］　许军,暴景阳,于彩霞,等.海洋潮汐与水位控制[M].武汉:武汉大学出版社,2020.

［3］　周立.海洋测绘学[M].北京:科学出版社,2013.

［4］　阳凡林,翟国君,赵建虎,等.海洋测绘学概论[M].武汉:武汉大学出版社,2022.

［5］　Zuo X L, Teng J C, Su F Z, et al. Multimodel Combination Bathymetry Inversion Approach Based on Geomorphic Segmentation in Coral Reef Habitats Using ICESat-2 and Multispectral Satellite Images[J]. IEEE Journal of Selected Topics in Applied Earth Observations and Remote Sensing,2025,18:3267-3280.

［6］　Zhou G Q, Su S K, Xu J S, et al. Bathymetry Retrieval From Spaceborne Multispectral Subsurface Reflectance[J]. IEEE Journal of Selected Topics in Applied Earth Observations and Remote Sensing,2023,16:2547-2558.